L'EFFET DE SERRE

Allons-nous changer le climat ?

De Jean-Marc Jancovici

L'Avenir climatique. Quel temps ferons-nous ?, Seuil, 2002 ; rééd. 2005.

Le plein, s'il vous plaît ! La solution au problème de l'énergie, Seuil, 2006 ; rééd. 2007.

Le Changement climatique expliqué à ma fille, Seuil, 2009.

C'est maintenant ! 3 ans pour sauver le monde (avec Alain Grandjean), Seuil, 2009.

ISBN : 978-2-0812-2509-1

Hervé Le Treut
Jean-Marc Jancovici

L'EFFET DE SERRE

Allons-nous changer le climat ?

Champs sciences

AVANT-PROPOS

Depuis quelques années, la perspective d'un dérèglement climatique cristallise de plus en plus de craintes. La canicule qui a affecté l'Europe pendant l'été 2003, avec son cortège d'effets, dramatiques ou mineurs, a probablement constitué un nouveau seuil dans la prise de conscience collective, et ce jusque dans la communauté scientifique. Pourtant, les travaux publiés depuis plusieurs années sont clairs : selon la très grande majorité des chercheurs, la croissance des gaz à effet de serre dans l'atmosphère rend inéluctable un réchauffement global de la planète. Réchauffement qui est amené à se manifester notamment par des crises climatiques, sporadiques d'abord, puis de plus en plus fréquentes.

Si certains effets à venir demeurent par nature imprévisibles, ou tout au moins très difficilement prévisibles, d'autres sont déjà bien évalués. Ainsi, diverses publications scientifiques ont mis en évidence le risque de surmortalité due à des épisodes caniculaires en Europe, la surmortalité étant l'une des conséquences les plus directes d'une brusque augmentation des températures. Comment se fait-il alors que la surprise ait semblé si grande dans notre pays ? Ces vagues de chaleur successives relevaient bel et bien du possible, quelles que soient leurs causes – la notion même de cause est ambiguë s'agissant d'un événement météorologique ponctuel. Pourquoi la parole des scientifiques et des experts n'a-t-elle pas mieux porté jusqu'à présent ? La complexité des évolutions en cours, la multiplicité des enjeux et des intérêts troublent sans doute l'appréhension du problème et sa communication.

Depuis le Sommet de la Terre à Rio de Janeiro en 1992, un effort international s'est engagé en faveur de la préservation de notre environnement, avec notamment la mise en place de la Convention Climat (de 1992 à 1994) et la définition d'objectifs chiffrés de réduction des émissions de gaz à effet de serre par le protocole de Kyoto (1997). Les débats sur sa ratification, loin d'être achevés, ne représentent au contraire que les premières étapes de négociations dont les difficultés sont à la mesure de l'importance et de la nécessité. Tout montre en effet que si des changements sont désormais inéluctables, il est encore possible d'en atténuer – ou, hélas, d'en augmenter – la vitesse et l'intensité, à travers les choix de développement que nous faisons dès maintenant.

Mais, dès qu'on discute des mesures concrètes à prendre, les certitudes scientifiques, qui permettent de donner l'alerte et de définir un cadre global d'intervention, ne suffisent plus pour répondre à des questions plus précises. À quel niveau doit-on limiter nos émissions ? Jusqu'où un changement climatique est-il « acceptable » ? Quel peut être son coût, humain et financier ? Comment peut-on comparer les impacts respectifs des activités qui contribuent à la « pollution climatique » (l'élevage ou les transports, par exemple) ? Comment apprécier et comparer les différentes formes d'action, individuelle ou collective, qui s'offrent à nous ?

Si la science et les scientifiques ont une part importante à tenir dans le débat, les décisions à prendre concernent l'ensemble de la société. L'augmentation de l'effet de serre remet en question des schémas de croissance, de consommation, et peut accentuer les déséquilibres entre pays du Nord et pays du Sud : c'est donc un enjeu qui dépasse la science, où l'expertise scientifique ne peut se substituer aux choix politiques et citoyens. L'évolution potentielle du climat pose la question du comportement que nous devons adopter face au risque, celle des décisions à prendre, qui sont souvent de nature éthique, sentimentale autant que politique (quel « prix » accordons-nous à la préservation d'un paysage et à la joie de vivre qu'il peut procurer ? aux éventuels risques sanitaires ? au fait d'avoir une voiture par adulte ?), et vont donc bien au-delà d'un arbitrage purement technique.

Depuis longtemps, l'environnement de notre planète est l'objet d'inquiétudes, mais jamais sans doute il n'a suscité une réflexion de cette ampleur. Le rôle de la science est à la fois d'alerter, ce qui oblige à une prise de position forte, et d'éclairer le débat, sans jamais toutefois le confisquer. Pour associer chaque citoyen à la discussion, les scientifiques doivent au contraire rendre compte le plus clairement possible des progrès réguliers des connaissances, mais aussi de l'incapacité dans laquelle ils se trouvent à tout prévoir dans le détail. Dans ce contexte, il n'est pas toujours facile de tracer la limite, pourtant nécessaire, entre le diagnostic scientifique, le plus objectif possible, et le désir militant de convaincre à tout prix.

Pour permettre à l'ensemble de la société de s'emparer du problème, tout en évitant malentendus et faux débats, le meilleur remède est celui du partage le plus large de l'information disponible. Ce livre, à sa mesure, n'a pas d'autre ambition que d'y contribuer : les auteurs ont essayé de rendre accessibles au plus grand nombre les principales composantes du dossier scientifique et technique, afin que chacun puisse se forger, de manière éclairée, son avis sur la conduite à tenir pour le présent et l'avenir.

La première fois qu'apparaît un mot relevant d'un vocabulaire spécialisé, il est suivi d'un *. On trouvera sa définition dans le glossaire.

LE CLIMAT, UNE MACHINE COMPLEXE EN PERPÉTUELLE ÉVOLUTION

La Terre a ceci d'unique, parmi les planètes que nous connaissons, que l'eau y est disponible à sa surface sous ses trois phases, liquide, solide et vapeur, et cette caractéristique semble présente aussi loin que l'on sache remonter dans le temps, à l'échelle de centaines de millions, voire de milliards d'années. Malgré cette apparente stabilité, l'environnement global de notre planète constitue un ensemble complexe et fluctuant. Les océans, l'atmosphère, les grands glaciers, la banquise, la surface continentale interagissent continuellement à travers divers processus physiques, chimiques ou biologiques. C'est cet ensemble que l'on appelle « système climatique » et de son évolution dépend le climat, c'est-à-dire les conditions moyennes de température, de vent, de précipitations ou d'humidité auxquelles nous sommes confrontés, ainsi que leurs variations les plus régulières, tel le cycle des saisons. La notion de climat (définie à partir de statistiques sur une période longue, souvent de trente ans) se distingue ainsi très clairement de la notion de temps, qui recouvre les conditions atmosphériques d'une journée donnée.

Deux grandes forces entraînent les éléments du système climatique dans un mouvement sans fin : la rotation de la Terre et l'énergie du Soleil. Le mot climat fait d'ailleurs directement référence au rôle du Soleil, puisqu'il signifie en grec « inclinaison », en l'occurrence celle de l'axe des pôles sur le plan de l'orbite terrestre.

Pourquoi notre planète est-elle tempérée et qu'est-ce que l'effet de serre ?

Tout corps chaud émet de l'énergie sous forme de rayonnement électromagnétique*, dont l'intensité et la longueur d'onde dépendent de la température du corps émetteur. Le rayonnement du Soleil représente ainsi la principale source de chauffage de notre planète. La Terre, quoique plus froide que le Soleil, émet elle aussi un rayonnement électromagnétique. Pour atteindre un état d'équilibre, le rayonnement terrestre doit restituer une énergie égale à celle du rayonnement solaire absorbé, ce qui détermine la température de la Terre. En effet, la Terre doit ajuster sa température pour que son rayonnement propre, qui augmente avec cette dernière, équilibre l'énergie reçue. La chaleur dégagée par le centre de la Terre, qui résulte de la radioactivité naturelle, est très largement négligeable dans ce processus.

La température d'émission détermine aussi la gamme de longueurs d'onde du rayonnement émis, et il en résulte que les rayonnements solaire et terrestre sont très différents. La température de la surface solaire est d'environ 6 000 degrés Kelvin*, et le rayonnement solaire se situe dans des longueurs d'onde qui vont de l'ultraviolet* à l'infrarouge* proche. La surface de la Terre est beaucoup plus froide que celle du Soleil (15° Celsius en moyenne, soit 288 Kelvin), et le rayonnement qu'elle émet se situe dans l'infrarouge plus lointain.

Tous les échanges d'énergie entre notre planète et l'espace passent par le filtre de l'atmosphère. Cette dernière constitue une enveloppe très mince dont l'essentiel de la masse se concentre sur une vingtaine de kilomètres d'épaisseur (le rayon de la Terre est de 6 400 kilomètres) et joue un rôle essentiel dans la distribution et la transformation de l'énergie reçue du Soleil. En particulier, l'atmosphère agit très différemment sur le rayonnement solaire et le rayonnement terrestre : alors qu'elle laisse entrer une grande part du premier, elle empêche de s'échapper une grande part du second. Cette différence est à l'origine de l'effet si particulier qui donne son titre à ce livre : l'effet de serre, ainsi appelé par analogie avec ce qui se passe dans une serre de jardinier, ou plus communément peut-être dans une voiture laissée au soleil. L'atmosphère est en effet comparable à un vitrage, transparent pour le rayonnement solaire visible, mais opaque pour le rayonnement infrarouge. La chaleur s'accumule alors dans les basses couches de l'atmosphère, un peu comme elle s'accumule à l'intérieur de la serre ou de la voiture.

L'effet de serre naturel est très fortement bénéfique pour la planète : en son absence, la température moyenne de la surface serait de – 18 °C, et non de 15 °C. Cet effet si important est dû presque exclusivement à des gaz qui ne constituent qu'un très faible pourcentage (< 1 %) du volume de l'atmosphère : vapeur d'eau, dioxyde de carbone (CO_2), ozone, méthane, notamment. C'est cette dépendance absolument remarquable de notre atmosphère vis-à-vis de composés minoritaires qui la rend potentiellement très vulnérable aux effets de l'activité humaine.

Les variations de l'effet de serre ont joué un rôle important dans l'histoire de la Terre, comme nous le verrons au chapitre II. Ainsi, l'un des principaux gaz à effet de serre, le CO_2, a d'abord été un constituant majoritaire de notre atmosphère, mais l'apparition de la vie a conduit à sa diminution progressive (au cours du dernier milliard d'années) – le carbone correspondant étant stocké dans des roches sédimentaires ou sous forme de charbon et de pétrole. Cette baisse aurait dû provoquer un refroidissement de la Terre. Mais, dans le même temps, le Soleil a augmenté sa puissance, et c'est probablement la conjonction de ces deux évolutions qui explique la relative stabilité de la température moyenne que nous avons signalée au début de ce livre.

Cet effet de compensation, où la vie joue un rôle de régulateur des conditions climatiques, a parfois été invoqué pour suggérer que la planète aurait la capacité de maintenir son équilibre face aux agressions humaines. Mais, si l'on veut comprendre ce qui peut se passer à l'horizon beaucoup plus court des décennies à venir, ces idées simples, déduites de l'observation de l'histoire de la Terre sur des milliards d'années, ne suffisent plus. Certes, le climat de la planète n'a jamais varié suffisamment pour menacer le développement de la vie sur Terre, mais certaines fluctuations ont malgré tout marqué fortement l'histoire de nos paysages, de la faune et de la flore qui les habitent, ainsi que des premiers hommes. Pour raconter cette histoire, il nous faut d'abord étudier le système climatique dans toute sa complexité, avec ses différentes sous-composantes du système climatique et les processus qui les lient.

Le Soleil nous envoie une énergie qui varie au cours du temps

L'intensité du chauffage solaire se mesure à l'aide d'une valeur qu'on appelle souvent « constante solaire » et qui désigne la densité de puissance du rayonnement solaire incident, c'est-à-dire le nombre de watts qui traversent une surface d'un mètre carré placée au sommet de l'atmosphère, perpendiculairement à la direction Terre-Soleil, soit aujourd'hui environ 1 365 watts, ce qui veut dire que l'intensité du flux solaire est de 1 365 watts par mètre carré (Wm^{-2}). En fait, la surface de la Terre est inclinée par rapport au flux solaire et le rayonnement arrive sous une incidence rasante près des pôles. De plus, une moitié de la planète est toujours plongée dans la nuit. Il en résulte que, en moyenne, sur une journée et sur le globe, ce rayonnement ne vaut que 345 Wm^{-2} (quatre fois moins).

Le chauffage solaire varie au cours du temps, en raison des fluctuations de l'activité solaire elle-même (dont témoignent par exemple le nombre de taches solaires ou le diamètre apparent du Soleil) ou des variations de la distance Terre-Soleil. Par exemple, l'étude d'étoiles comparables au Soleil montre qu'au début de l'histoire de la Terre la puissance de notre astre devait être plus faible de plusieurs dizaines de pour-cent. En outre, la distance Terre-Soleil, ainsi que la rotation de notre planète (autour d'un axe des pôles qui se déplace lentement) varient continuellement, sous l'effet de l'attraction de la Lune ou des planètes géantes. La Terre décrit par ailleurs une ellipse légèrement aplatie autour du Soleil. L'excentricité* de cette ellipse, c'est-à-dire la mesure de cet aplatissement par la différence relative des deux axes de l'ellipse, est actuellement de 1,7 % – elle a fluctué entre 0 et 3 % avec une périodicité approximative de 100 000 ans. Aujourd'hui, la Terre est au plus loin du Soleil en juin-juillet, au plus près en décembre-janvier, ce qui adoucit les contrastes saisonniers dans l'hémisphère Nord. Mais il n'en a pas toujours été ainsi. Comme nous le verrons plus loin, l'intervalle entre le moment où la

Terre se trouve au plus près du Soleil et le moment des équinoxes* a varié au cours du temps, avec une périodicité de 20 000 ans à peu près : c'est ce que l'on appelle la précession des équinoxes. Il y a 10 000 ans, donc, l'ensoleillement reçu en été sur l'hémisphère Nord était au contraire maximal, avec des conséquences très importantes en Afrique ou dans les régions de mousson. Les variations de l'obliquité* de l'axe de rotation de la Terre (périodicité d'environ 40 000 ans) ont aussi fortement affecté le climat des régions polaires (voir p. 49). Plus près de nous, la diminution d'activité du Soleil constitue une explication plausible pour la période froide des XVIIe et XVIIIe siècles, appelée « petit âge glaciaire ». L'astronome allemand Walter Maunder a en effet observé une disparition des taches solaires au cours d'une période de soixante-dix ans (1645-1715), appelée le « minimum de Maunder » ; or on sait que l'émission solaire est plus faible lorsque le nombre de taches baisse. Les mouvements internes au Soleil provoquent aussi des variations de l'énergie émise sur des périodes plus courtes : l'impact réel de ces fluctuations au cours des XIXe et XXe siècles demeure un objet de débat dans la communauté scientifique. Il est très possible qu'elles aient joué un rôle dans le réchauffement qui caractérise la première moitié de l'ère industrielle jusqu'à la Seconde Guerre mondiale environ. Une diminution de l'activité solaire constitue aussi une explication parmi d'autres du relatif refroidissement des années 1950 et 1960 (voir par exemple p. 71 le rôle refroidissant des aérosols*). Un regain d'activité solaire ne paraît toutefois pas suffisant pour rendre compte du réchauffement rapide des dernières décennies. Plusieurs mécanismes qui conduiraient à amplifier ces « petites » variations de l'activité solaire ont été avancés, tels que des modifications de la circulation stratosphérique ou l'impact du vent solaire sur la couverture nuageuse, mais ces propositions restent pour l'instant de nature spéculative.

Un équilibre climatique régulé par les gaz de l'atmosphère

L'atmosphère est composée à 78 % d'azote (N_2) et à 21 % d'oxygène (O_2), molécules à deux atomes. Mais les composants atmosphériques qui jouent un rôle important dans l'énergétique de la planète ont une molécule à trois atomes au moins. Quoique très minoritaires, ces gaz ont une action considérable sur le bilan thermique de la planète, car ils sont capables d'absorber le rayonnement solaire et surtout terrestre. Les principaux sont la vapeur d'eau (H_2O, 0,3 % de l'atmosphère), le dioxyde de carbone (CO_2, 0,037 %), l'ozone (O_3, 0,000003 %, avec une concentration plus forte dans la stratosphère, au-delà de 15 kilomètres d'altitude environ). La composition chimique de la planète relève d'une longue histoire et nous savons que, à l'égal de ses voisines Mars ou Vénus, l'atmosphère originelle de la Terre contenait une forte proportion de CO_2. Toutefois, l'analyse des bulles d'air contenues dans les carottes glaciaires du Groenland et de l'Antarctique montre que, depuis plusieurs centaines de milliers d'années au moins, la composition chimique de l'atmosphère est assez stable. Plus exactement, elle évolue sous l'effet de variations lentes (sur des milliers d'années) entre des valeurs limites qui demeurent constantes : entre 180 et 270 ppmv* pour le CO_2, entre 350 et 800 ppbv* pour le méthane, les valeurs les plus basses étant associées aux périodes glaciaires. Depuis 5 000 à 10 000 ans (en excluant les deux derniers siècles), la composition chimique de l'atmosphère est même absolument stable, avec pour le CO_2 des valeurs continuellement proches de 270 ppmv.

De l'espace vers le sol : les tribulations du rayonnement solaire

Du fait de la température élevée de la surface du Soleil (6 000 Kelvin), le rayonnement de ce dernier se compose de 50 % d'infrarouges, 40 % de lumière visible et 10 % d'ultraviolets. L'action de l'atmosphère et du sol terrestre a pour effet de séparer le rayonnement solaire : une première part (30 %) est directement réfléchie vers l'espace, une deuxième, la plus importante (50 %), vient chauffer le sol, continental ou océanique, et enfin une troisième (20 %) est absorbée par l'atmosphère (qu'elle contribue donc à chauffer). Un grand nombre de processus règlent la répartition du rayonnement entre ces effets, qui ont chacun une incidence différente sur l'évolution climatique.

L'énergie solaire réfléchie vers l'espace (30 %) résulte de la somme de plusieurs contributions. Tout d'abord, la diffusion de la lumière par les molécules de l'air, qui donnent au ciel sa couleur bleue, représente 6 de ces 30 %. C'est le seul moment où interviennent de manière notable les gaz majoritaires de l'atmosphère terrestre (azote et oxygène) dans les échanges d'énergie, mais ce phénomène ne varie pas en l'espace de quelques siècles, car la masse de l'atmosphère ne varie pas non plus à ces échelles de temps. C'est donc un mécanisme neutre vis-à-vis des changements climatiques que nous abordons dans cet ouvrage. La réflexion par les nuages (20 des 30 %) peut au contraire varier de manière importante, car elle dépend de leur forme, de leur épaisseur ou de leur contenu en eau ou en glace. De même, la contribution apparemment modeste du sol (4 des 30 %) est en fait capitale, car des surfaces voisines peuvent avoir un pouvoir réfléchissant très distinct : la glace de mer réfléchit beaucoup plus que l'eau de mer, le désert nettement plus que la forêt.

La part importante (50 %) du rayonnement solaire qui va directement chauffer le sol et les océans structure la machine climatique de manière très remarquable : l'atmosphère est ainsi essentiellement chauffée par le bas, ce qui explique que la température de l'air soit plus chaude en surface et décroisse avec l'altitude dans les basses couches de l'atmosphère.

Les 20 % du rayonnement solaire incident absorbés de manière directe par l'atmosphère sont comparativement modestes. L'ozone absorbe une part considérable de la composante ultraviolette du rayonnement solaire. Cet effet, essentiel, nous protège des rayonnements ionisants et c'est l'un des facteurs qui ont permis à la vie évoluée de se développer hors des océans. L'ozone se trouvant majoritairement au-dessus de 10-15 kilomètres d'altitude, le chauffage qui lui est associé explique alors que la température de l'atmosphère, d'abord décroissante lorsqu'on s'élève dans la troposphère*, augmente avec l'altitude dans la stratosphère*.

Du sol vers l'espace : comment la Terre émet son énergie

À l'échelle de milliers, voire de millions d'années, la température de la Terre se révèle très stable, la variation n'excédant pas quelques degrés : cela signifie qu'elle réémet vers l'espace l'intégralité de l'énergie solaire qu'elle absorbe. Cette énergie absorbée par le sol n'est pratiquement jamais rendue à l'espace de manière directe : seule une toute petite fraction du rayonnement infrarouge émis par le sol traverse l'atmosphère sans y être absorbée.

L'atmosphère sert de relais : le sol chauffe l'atmosphère, laquelle émet du rayonnement vers l'espace. Ce système de régulation utilise deux mécanismes indirects. Un premier a déjà été évoqué lorsque nous avons introduit la notion d'effet de serre : le sol émet un rayonnement infrarouge qui est absorbé par les molécules complexes de l'atmosphère (voir p. 59), lesquelles, chauffées, émettent à leur tour un rayonnement vers l'espace. L'émission de rayonnement atmosphérique est plus faible que celle du sol, car la température moyenne de l'atmosphère est aussi plus faible que celle du sol. Cette réduction du rayonnement vers l'espace a pour contrepartie une émission additionnelle de rayonnement infrarouge vers le sol, qui va réchauffer les basses couches de l'atmosphère : ce réchauffement constitue le fondement même du mécanisme appelé « effet de serre ». Le second mécanisme, capital, est lié au cycle de l'eau : le sol continental et les océans (deux tiers de la surface terrestre) se refroidissent par évaporation, et cette perte d'énergie est regagnée par l'atmosphère au niveau des nuages, par condensation de l'eau. Ce processus représente en termes quantitatifs le premier mécanisme de chauffage direct de l'atmosphère. Il explique qu'un climat plus chaud, donc très souvent plus humide, puisque le niveau de saturation en vapeur d'eau est plus élevé, est aussi un climat dans lequel peuvent se développer des tempêtes ou cyclones parfois très violents : quand l'eau se condense plus abondamment dans les nuages, elle chauffe plus intensément l'atmosphère, et peut contribuer à augmenter la force des vents.

Ces échanges d'énergie entre la surface et l'atmosphère jouent un rôle considérable dans la régulation du climat global de la planète. Il est courant de dire que sans effet de serre la température moyenne de la surface de la planète serait de – 18 °C, alors qu'elle est de + 15 °C. En fait, l'effet de serre engendre un chauffage tellement puissant qu'il pourrait induire une température moyenne bien supérieure, plus proche de 30 °C, si un autre phénomène physique n'intervenait également. En effet, arrivées à un certain seuil de réchauffement, les masses d'air proches du sol forment des mouvements convectifs qui brassent l'atmosphère et refroidissent la surface. Cette convection est renforcée par la présence de vapeur d'eau dans l'air qui s'élève, car en se condensant, cette vapeur fournit de l'énergie qui permet à l'air de rester chaud – et donc moins dense – plus longtemps. Dans les cas les plus extrêmes, cette ascension d'eau humide permet la création de nuages convectifs puissants, les cumulo-nimbus, qui s'élèvent très haut et brassent l'atmosphère sur toute la hauteur de la troposphère, refroidissant fortement la température de surface.

L'océan, mémoire du système climatique

Comme l'atmosphère, l'océan constitue une couche fluide très mince à la surface de notre planète (3,8 kilomètres de profondeur en moyenne). Le rayonnement électromagnétique n'y pénètre que très difficilement, à l'exception du rayonnement visible, progressivement absorbé sur une profondeur de l'ordre de quelques dizaines de mètres. Il chauffe ainsi une couche d'eau de surface, qui devient en conséquence plus légère (l'eau chaude est moins dense que l'eau froide) et ne se mélange pas avec les eaux plus froides de l'océan profond. L'épaisseur de cette couche de surface varie avec l'ensoleillement, avec la transparence de l'eau (qui dépend elle-même de son contenu en phytoplancton*), le brassage dû au vent ou encore l'intensité du refroidissement nocturne ou hivernal. Elle peut atteindre quelques centaines de mètres et forme un formidable réservoir thermique qui décale de quelques décennies tout réchauffement ou refroidissement du système climatique. Sous cette couche de surface se cache l'océan profond, qui n'interagit pas directement avec l'atmosphère. Seules les eaux de surface suffisamment froides et salées (donc très denses) de quelques régions très précises, situées pour la plupart en Atlantique Nord ou près de l'Antarctique, pénètrent au fond de l'océan. Ce processus enclenche une dynamique très lente des eaux profondes qui viennent tapisser le fond des océans pour resurgir en surface des centaines d'années plus tard, souvent dans les régions équatoriales.

La Terre, une machine dynamique

Si l'on considère la planète tout entière, il existe un équilibre entre l'absorption du rayonnement solaire et l'émission du rayonnement terrestre, alors que, pour une région donnée, un terme l'emporte souvent sur l'autre. Ainsi, dans la région intertropicale*, l'absorption de rayonnement solaire domine et le climat tend en permanence à se réchauffer. Les régions extratropicales* sont au contraire soumises à un refroidissement permanent. Le mouvement des océans et de l'atmosphère a toutefois pour fonction de rééquilibrer les choses en instaurant un transport continuel d'énergie des basses vers les hautes latitudes. Ces mouvements, qui s'organisent à l'échelle de milliers de kilomètres, sont aussi conditionnés par le fait que la Terre est ronde et en rotation.

Dans ce jeu, l'atmosphère et l'océan sont deux partenaires indissociables, mais très dissemblables : l'atmosphère est un système rapide, peu dense, qui répartit très vite à la surface de la planète le peu d'eau, d'énergie ou de carbone qu'elle peut contenir, et détermine en grande partie la distribution géographique des climats ; l'océan est un système beaucoup plus lent et puissant, qui organise les fluctuations climatiques dans le temps plus que dans l'espace.

L'atmosphère, un système global

L'atmosphère a « inventé » deux grands régimes de circulation pour assurer le transport d'énergie de l'équateur vers les pôles. Le premier est actif dans une zone qui s'étend de 30° de latitude Sud à 30° de latitude Nord environ. Le principe ? Chauffé par le sol, l'air s'élève au-dessus des régions équatoriales (où ce chauffage est le plus fort), puis redescend dans les régions subtropicales. Ces mouvements, appelés cellules de Hadley-Walker, déterminent le régime des pluies dans les tropiques. En effet, au-delà de quelques kilomètres d'altitude, l'atmosphère se refroidit et s'assèche, car le seuil de saturation en eau baisse avec la température. Quand l'air monte, après s'être chargé en humidité près de la surface, il perd son eau en se refroidissant, provoquant ainsi des précipitations : c'est pourquoi les régions équatoriales sont très arrosées. Les cumulo-nimbus mentionnés plus haut se forment également dans ces régions d'ascendance de l'air. Ayant perdu l'essentiel de son eau, l'air qui redescend dans les régions subtropicales est au contraire très sec et détermine sur Terre une double ceinture de grands déserts (une dans chaque hémisphère). Sur les océans, il inhibe le développement des nuages hauts et provoque l'apparition de nuages bas, les stratus ou les strato-cumulus, qui couvrent l'essentiel des océans subtropicaux. Ces cellules tropicales ont une géographie parfois complexe : l'air monte plus volontiers au-dessus de certaines zones, qui seront par conséquent particulièrement pluvieuses, notamment les grandes forêts amazoniennes ou africaines, ou le Pacifique ouest, dont les eaux sont très chaudes ; par ailleurs, elles suivent en partie le mouvement saisonnier et se déplacent vers le sud en hiver et le nord en été. Ce déplacement caractérise le climat des régions équatoriales (qui voient passer deux fois par an les systèmes de précipitations, dans leur mouvement vers le nord et vers le sud, déterminant ainsi deux saisons humides) comme celui des régions subtropicales, situées « en bout de course » et qui ne connaissent qu'une seule saison des pluies. Ce déplacement est aussi à l'origine des moussons, et explique les très fortes pluies qui touchent le sous-continent indien chaque année à la même époque – en juin et en juillet.

Par-delà 30° de latitude, le mouvement de rotation de la Terre rend ce système de cellules atmosphériques instable. L'atmosphère a donc inventé un autre grand régime de circulation qui permet de prolonger vers les pôles le transport d'énergie. La dynamique atmosphérique des basses latitudes, caractérisée par une montée de l'air dans les régions chaudes et humides excédentaires en énergie, puis par une descente qui vient réchauffer les régions déficitaires chaudes et sèches, est alors remplacée par un mélange de l'air quasi horizontal, où, sous l'effet de la force de Coriolis*, l'air s'enroule en des mouvements tournants de plusieurs milliers de kilomètres autour des dépressions* ou anticyclones* de nos latitudes. Le mouvement perpétuel de ces perturbations caractérise le climat tempéré et arrosé de nos régions.

On peut montrer par le calcul que la limite entre systèmes météorologiques tropicaux et extratropicaux située à 30 ° de latitude Nord ou Sud dépend en premier lieu de la vitesse de rotation de la Terre sur elle-même et du contraste de température entre les pôles et l'équateur. Elle n'est donc pas susceptible de se modifier fortement à l'avenir, dans le cas d'un réchauffement de la planète de quelques degrés : ceci explique en partie pourquoi l'augmentation de l'effet de serre aura principalement pour conséquence d'intensifier les caractéristiques des climats existants, le déplacement des zones climatiques restant limité à quelques centaines de kilomètres.

L'océan, partenaire indissociable de l'atmosphère

L'océan participe pour moitié aux transports d'énergie de l'équateur vers les pôles. La circulation océanique ne dépend cependant pas seulement de la part de chauffage radiatif que l'océan reçoit et transporte, mais aussi de facteurs nombreux tels que : la forme des bassins océaniques, le forçage direct par l'action mécanique du vent, les variations de température et de salinité – et donc de densité – de l'eau de mer en surface (qui résultent le plus souvent des échanges d'eau et d'énergie avec l'atmosphère). La variété de ces processus explique les différences de comportement assez importantes d'un océan à l'autre. L'action du vent détermine l'essentiel des mouvements de surface, et peut aussi induire des courants puissants sur une profondeur de plusieurs centaines de mètres, tels que le Gulf Stream* dans l'Atlantique, le Kuroshio dans le Pacifique ou le courant circumpolaire le long de l'Antarctique. L'augmentation de la densité peut quant à elle produire un phénomène de plongée des eaux de surface, appelé formation d'eaux profondes : c'est notamment le cas dans quelques régions clés, en Atlantique Nord ou dans la zone péri-Antarctique principalement. Ces modifications engendrent la circulation profonde de l'océan, sous forme de courants très lents, qui transportent cependant une énergie considérable. Ces différents phénomènes sont en outre étroitement liés : l'extension vers le nord du Gulf Stream dépend fortement de la formation des eaux profondes dans l'Atlantique Nord.

Pris dans son ensemble, l'océan Pacifique se conduit de manière prévisible : les courants de surface transportent de l'énergie de la zone équatoriale vers les régions polaires des deux hémisphères. Mais le Pacifique abrite aussi un phénomène équatorial tout à fait remarquable, qui met en jeu l'atmosphère et l'océan de manière complètement interactive. La composante océanique de ce processus s'appelle El Niño* et constitue de très loin la source la plus importante de variabilité naturelle du climat. Il est caractérisé par un déplacement, tous les deux à quatre ans, des eaux chaudes de surface de l'ouest vers l'est du Pacifique et entraîne un déplacement exceptionnel des zones de précipitation dans la bande intertropicale, engendrant des sécheresses redoutables (en Australie, en Indonésie, au Nordeste brésilien), mais aussi des inondations violentes (en Californie, au Pérou, en Argentine). El Niño tend également à affaiblir la mousson indienne et affecte certaines régions de l'Afrique par le jeu des déplacements des cellules de Hadley-Walker tout au long de la ceinture tropicale. Son action s'étend même au-delà de la zone tropicale, sur le continent américain en particulier.

L'Atlantique est quant à lui remarquable pour le courant de surface qui traverse l'équateur et apporte de la chaleur de l'hémisphère Sud (en fait de l'océan Indien) vers l'hémisphère Nord. Ce courant est la contrepartie d'une circulation d'eau profonde qui ramène à l'inverse des eaux froides vers le sud, et est associée à la plongée des eaux froides et salées de l'Atlantique Nord, mentionnée plus haut. Cette double circulation, en surface et dans le fond des océans, permet aux courants chauds de surface de remonter bien plus au nord que dans le Pacifique, jusqu'à la zone de formation d'eaux profondes, et explique en partie les conditions climatiques relativement clémentes que nous connaissons en Europe. Au cours de la dernière déglaciation, cette circulation a pu varier brutalement – ce dont nous reparlerons.

L'océan Indien a pour particularité d'être limité au nord. Son rôle est essentiel pour plus de la moitié des habitants de la planète, puisque cet océan constitue un immense réservoir de chaleur, impliqué dans le déclenchement des moussons asiatiques : les vents qui viennent en balayer la surface se chargent de vapeur d'eau qu'ils déversent ensuite sous forme de pluie en abordant les continents.

Les deux océans polaires, glacial Arctique et circumpolaire Antarctique, ont une fonction climatique considérable : du fait qu'ils sont partiellement couverts de glace, ils modifient l'albédo* de la planète, et c'est aussi aux abords des régions polaires que se forme une grande partie des eaux océaniques profondes, dont l'inertie thermique considérable affecte l'histoire à long terme du climat. L'Arctique est (pour le moment) recouvert d'une banquise quasi permanente, alors que la banquise bordant l'Antarctique ne se développe vraiment qu'en hiver. L'Arctique circule dans un bassin très fermé : le détroit de Béring constitue la seule voie de communication avec un autre océan, le Pacifique, et se referme au moment des ères glaciaires. L'océan circumpolaire Antarctique est un océan ouvert, qui relie le Pacifique, l'Atlantique et l'océan Indien, et dont la circulation n'est pratiquement pas interrompue par les continents. Ces caractéristiques accentuent les différences entre les deux hémisphères lors des changements climatiques (de l'échelle saisonnière aux variations des ères glaciaires) : dans l'hémisphère Sud, le centre du continent Antarctique peut se refroidir très fortement, alors que l'océan qui l'entoure connaît des variations beaucoup plus faibles. Les modifications du climat Arctique sont au contraire très dépendantes des continents américain et eurasien qui sont voisins.

Des phénomènes de petite échelle mais d'une importance considérable

À côté de ces circulations organisées à l'échelle de centaines ou de milliers de kilomètres se produisent des mouvements importants mais à plus petite échelle, de l'ordre de quelques kilomètres.

Dans l'océan, l'équivalent des dépressions ou anticyclones atmosphériques est composé par des tourbillons, dont les plus actifs peuvent ne pas dépasser quelques dizaines de kilomètres. Dans l'atmosphère, de petits mouvements verticaux se développent, donnant souvent naissance à des nuages. Nous avons vu que, pour une bonne part, l'atmosphère est chauffée par le sol, et que cet air chaud, léger, est à l'origine d'une redistribution verticale de l'énergie, sous l'effet de « mouvements convectifs » qui tendent à limiter et à contrôler la température du sol, le plus souvent à travers la formation de cumulonimbus. Ces mouvements sont particulièrement puissants près de l'équateur et s'organisent fréquemment à des échelles de quelques kilomètres. L'interaction de l'air avec la surface de la Terre ou des océans est aussi une source de turbulence atmosphérique (ou océanique), engendrant des tourbillons qui ne dépassent souvent pas quelques dizaines ou centaines de mètres. Les océans subtropicaux sont ainsi couverts de nuages très réfléchissants formés par ces mouvements de surface : les strato-cumulus. Les nuages ont donc un rôle multiple : ils influent sur les rayonnements solaire et terrestre, contrôlent la répartition verticale de l'eau et de l'énergie dans l'atmosphère. Ces effets peuvent être antagonistes, car si les nuages renvoient une part importante du rayonnement solaire vers l'espace, et donc refroidissent le système climatique, ils renforcent par ailleurs l'effet de serre en absorbant le rayonnement émis à la surface de la Terre (voir p. 21) et contribuent alors à réchauffer la planète.

En moyenne, c'est l'action de refroidissement des nuages qui l'emporte sur celle de réchauffement, mais la compétition entre ces deux effets peut être modifiée par une très grande variété de processus, qui affectent l'un ou l'autre de manière inégale. Par exemple, le bilan radiatif* global de la couverture nuageuse sera modifié si la taille des gouttelettes ou des cristaux de glace change, si la température de transition entre eau liquide et glace se modifie (une large partie de l'eau dans les nuages est en surfusion*), si le contenu en eau varie (chaque nuage n'a pas la même masse d'eau par unité de volume), ou encore si la forme ou l'altitude des nuages est modifiée. La complexité de leur rôle dans le bilan du rayonnement reçu ou émis par la Terre et la grande sensibilité de la machine climatique à des modifications apparemment modestes de ces nébulosités expliquent qu'ils constituent un facteur d'incertitude privilégié, une source de difficulté majeure pour la formulation des modèles climatiques, et donc l'appréciation d'une modification à venir de notre environnement. Cette difficulté est encore renforcée par le fait que les nuages sont associés à des convections de petite échelle que les modèles ne sont pas encore capables de résoudre autrement que de manière statistique.

LES CLIMATS DU PASSÉ

La perspective d'un dérèglement du climat lié aux activités humaines suscite souvent une résignation un peu fataliste, qui prend facilement les accents du bon sens : « Le climat de la Terre a toujours varié… Qu'y a-t-il donc de si nouveau ? » Ce fatalisme peut en fait masquer un réflexe de conservatisme : pourquoi modifier nos modes de vie ou de production, alors que rien n'a vraiment changé depuis que le monde est monde ? Il peut aussi résulter d'attitudes ou de croyances plus fortement ancrées, souvent d'inspiration religieuse : la Nature reprend ses droits, l'homme n'est rien face à elle ; ce que Dieu nous a donné, Dieu peut le reprendre : lui seul décide du moment. Ces positions expriment à leur manière la difficulté que nous éprouvons à appréhender l'immensité des temps qui nous ont précédés : si les mathématiques nous apprennent sans ambiguïté qu'un million d'années représente mille millénaires, l'esprit humain a du mal à se former une image intuitive de cette différence.

Que nous apprend réellement l'histoire climatique de la Terre ? Nous permet-elle vraiment de relativiser le processus qui est en cours ?

L'âge de la Terre est estimé entre 4 et 5 milliards d'années. À l'origine, il semble que ce soit grâce à l'intense activité volcanique de la planète que l'atmosphère s'est progressivement formée. Celle-ci, très différente de celle que nous connaissons aujourd'hui, contient alors une forte proportion de dioxyde de carbone, de la vapeur d'eau (qui va se condenser pour former les océans), de l'azote, probablement aussi du méthane ou de l'ammoniac, mais pas de dioxygène. Elle est aussi soumise à un rayonnement solaire plus faible, comme nous l'avons évoqué. La vie apparaît à une date qui fait encore l'objet de controverses (peut-être plus de 3 milliards d'années), mais, dès l'ère primaire, il y a plus d'un demi-milliard d'années, nous en retrouvons de nombreuses traces, sous forme de fossiles.

Les études qui ont été menées sur le climat de cette époque suggèrent un monde à première vue peu différent de celui que nous connaissons : la température globale de la planète différait juste de quelques degrés, et l'eau était apparemment déjà disponible sous la phase liquide. Si cette relative stabilité des conditions climatiques a certainement permis à la vie de se développer sur Terre, réciproquement, la vie a elle-même produit en retour les conditions climatiques qui lui ont été favorables : c'est le scientifique anglais James Lovelock qui a proposé pour la première fois une description de ce mécanisme d'auto-régulation, baptisée « hypothèse Gaia[1] ». Parallèlement à l'augmentation du rayonnement solaire, le développement de la vie a fait apparaître l'oxygène et disparaître du dioxyde de carbone de l'atmosphère. Le carbone atmosphérique s'est retrouvé dans la matière organique, dont une partie a ensuite sédimenté et s'est transformée en calcaire, en charbon, en pétrole et en gaz. La diminution de la teneur du CO_2 atmosphérique a alors conduit à une diminution de l'effet de serre.

C'est la concomitance de ces deux effets (plus de rayonnement solaire, moins d'effet de serre) qui aurait permis cette relative stabilité des températures de notre planète. Pendant plusieurs milliards d'années, la Terre a ainsi connu des successions d'âges glaciaires dont on sait peu de chose, et des phases plus chaudes. On s'interroge encore pour savoir si la Terre a pu, à un moment

1. L'hypothèse Gaïa de James Lovelock est exposée dans *La Terre est un être vivant : l'hypothèse Gaïa*, Flammarion, coll. « Champs », 1993.

ou un autre, être complètement englacée. Ces âges glaciaires très anciens n'ont bien évidemment pas concerné l'homme.

Une histoire longue et mouvementée

Faisons un bond immense dans le temps et quittons l'ère primaire, qui a vu l'apparition de la vie complexe, pour rejoindre l'ère secondaire (de – 230 à – 75 millions d'années), marquée par la présence des dinosaures vivant à l'ombre des forêts d'un monde plus chaud. Le monde est soumis à un effet de serre plus important qu'actuellement, mais ressemble de plus en plus au nôtre. Toutefois, contrairement à l'idée popularisée par « Jurassic Park », l'homme est encore très loin de faire son apparition sur Terre. L'hypothèse d'une brusque variation climatique semble admise pour expliquer la disparition relativement brutale d'une part importante des espèces animales de l'époque : l'impact d'un astéroïde sur la région actuelle du Yucatan aurait produit un nuage de poussière intense, qui aurait recouvert la Terre pendant plusieurs années, la plongeant durablement dans l'obscurité et le froid. Le climat de cette même époque a pu aussi être affecté par des éruptions volcaniques massives survenues dans la région du Tibet. Certaines variations passées du climat ont donc des causes accidentelles, déconnectées de la lente évolution de notre planète et totalement imprévisibles.

La distribution des continents sur la planète était alors très différente : tous les continents actuels étaient rassemblés en un continent unique, dénommé la Pangée, l'océan Atlantique et l'océan Indien n'existaient pas encore, et ni le Tibet ni le Yucatan n'occupaient la situation qui est la leur aujourd'hui. Ces terres, situées sous d'autres latitudes, connaissaient donc aussi des climats tout à fait différents. Comme les études de fossiles l'ont montré, ce qui allait devenir la France bénéficiait par exemple d'un climat tropical.

Un nouveau bond dans le temps nous amène à l'ère tertiaire (de – 70 à – 4 millions d'années), pendant laquelle vont se mettre en place les deux éléments constitutifs du climat actuel : la position des continents telle que nous la connaissons aujourd'hui et la stabilisation de la composition chimique de l'atmosphère à son niveau de CO_2 actuel.

La Pangée a en effet commencé à se disloquer pendant l'ère secondaire, et la migration vers les pôles de certaines plaques continentales engendre alors une forte modification du climat. Il est très probable qu'à cette époque la planète

Variation de la concentration en CO_2 dans l'atmosphère (par rapport à la concentration actuelle)

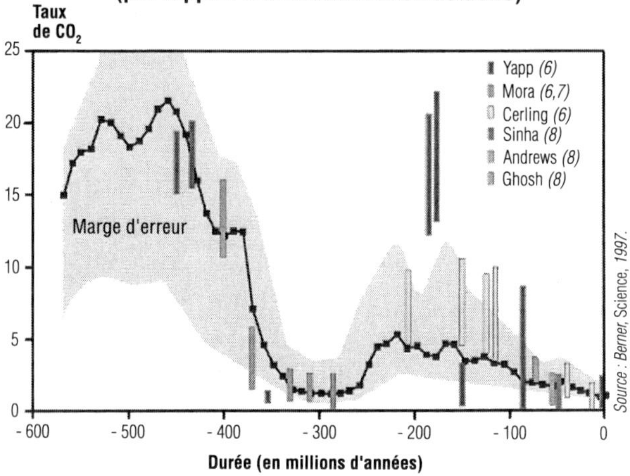

La concentration actuelle vaut 1 sur l'axe des ordonnées. À l'ère primaire, il y avait de 10 à 25 fois plus de CO_2 dans l'atmosphère qu'aujourd'hui, et à l'époque des dinosaures, de 3 à 10 fois plus. Les barres verticales renvoient aux résultats d'études dont les auteurs sont mentionnés en haut à droite.

soit entrée dans une ère de refroidissement progressif sous l'effet conjoint de deux phénomènes. Tout d'abord, il y a un peu plus de 50 millions d'années, une plaque continentale a dérivé vers le pôle Sud et s'est englacée progressivement, donnant naissance à l'Antarctique. L'apparition de terre ferme en lieu et place de l'océan polaire a engendré un refroidissement significatif de la planète en plusieurs étapes. On peut penser qu'autour de ce continent s'est d'abord formée une ceinture de glaces marines, l'océan pouvant geler rapidement, puis que l'accumulation lente de la neige a permis la formation d'une calotte continentale permanente de plusieurs kilomètres d'épaisseur. Il s'agit d'une évolution qui résulte du refroidissement global, mais le favorise aussi en retour, car la neige et la glace réfléchissent de manière importante le rayonnement solaire. En outre, la teneur de CO_2 dans l'atmosphère a diminué tout au long de l'ère tertiaire pour se stabiliser finalement à une valeur proche de celle que nous connaissons maintenant, alors que la valeur de départ était plus de dix fois supérieure. Parallèlement, un effet de rétroaction entre l'océan et le CO_2 a amplifié ce refroidissement : en effet, plus l'eau est froide, plus elle peut dissoudre de CO_2, ce qui diminue l'effet de serre et refroidit encore le climat.

Ce n'est qu'à la fin de ce processus de refroidissement, donc à la fin de l'ère tertiaire, il y a quelques millions d'années « à peine », que vont aussi se former des glaciers sur l'hémisphère Nord, dont les surfaces continentales, l'Eurasie et l'Amérique du Nord, sont néanmoins plus éloignées du pôle que l'Antarctique.

Il y a 2 millions d'années environ, alors qu'apparaissent les premiers représentants du genre *homo*, le climat entre dans une phase nouvelle, qui caractérise l'ère quaternaire : ces calottes glaciaires nouvelles, qui viennent de se former sur les continents de l'hémisphère Nord, voient leur taille varier assez fortement pour provoquer une alternance d'âges glaciaires et interglaciaires. Le système climatique de la Terre devient alors peu à peu celui que nous connaissons actuellement. Bien sûr, l'histoire est encore longue de 2 milliers de millénaires. Mais les dernières glaciations que nous venons d'évoquer ont eu les hommes pour témoins : le dernier maximum glaciaire date d'il y a 21 000 ans – il est presque contemporain des peintures de Lascaux. Et notre cousin Néandertal vivait durant l'âge interglaciaire qui l'a précédé – c'est-à-dire à une époque où le climat était identique au nôtre, il y a 125 000 ans.

Histoire des glaciations : la théorie astronomique

Quelle est donc la cause de ces glaciations du quaternaire, dont l'homme n'a pu être que le témoin passif ou la victime ? C'est au début du XIXe siècle, à partir de 1837, que le Suisse Louis Agassiz, enseignant à Neuchâtel, émet pour la première fois l'hypothèse que des glaciers ont pu recouvrir des régions aujourd'hui tempérées. En effet, des moraines glaciaires ont été retrouvées très en aval de la position des glaciers alpins actuels. Cette hypothèse suscite des résistances : elle contredit l'enseignement de la Bible, qui fait du Déluge la seule transformation dont la Terre puisse porter la trace. De fait, des efforts considérables ont été déployés pour expliquer comment le Déluge avait pu contribuer à transporter des moraines si loin de leur lieu d'origine [1]. Très vite, l'analyse de sections de terrain dans le lit de rivières alpines montre que ces âges glaciaires sont revenus plusieurs fois. On distingue alors quatre âges successifs, auxquels on a donné le nom de ces rivières (Würm, Riss, Mindel, Günz). Très rapidement, plusieurs théories expliquant ces fluctuations climatiques sont proposées, dont l'une, en particulier, invoque une perturbation éventuelle de la trajectoire de la Terre autour du Soleil par la Lune et les grosses planètes du système solaire. Les débuts de la mécanique céleste* favorisent ces recherches, qui sont portées à un point d'achèvement, long-

1. Lorsque, à la même époque, Charles Darwin découvre la Patagonie, et assigne à ces grands plateaux caillouteux une origine glaciaire, il choque le très religieux capitaine Fitz Roy, qui commande le navire – un scientifique pourtant, qui sera le créateur des services météorologiques britanniques.

temps considéré comme définitif, par le savant serbe Milutin Milankovitch entre les deux guerres mondiales. Au prix d'un effort solitaire de plusieurs années, Milankovitch parvient à calculer les variations de l'insolation aux différentes latitudes et expose une théorie fondée sur l'idée que les variations des calottes polaires dépendent de manière critique de l'ensoleillement de printemps à la latitude de 76° Nord, représentative de la zone d'expansion des glaciers. Une insolation trop faible au cours de la saison plus chaude ne permet pas à la neige accumulée en hiver de fondre, tandis qu'une insolation trop forte empêche au contraire la formation de calottes polaires pérennes. Milankovitch a ainsi établi une théorie offrant une chronologie plausible des glaciations du quaternaire. L'apparition de datations précises a néanmoins conduit à un discrédit temporaire de la théorie, qui s'est révélée fausse dans la prédiction de certains éléments de détail.

En effet, après la Seconde Guerre mondiale, les premières datations au carbone 14 ne confirment pas l'âge de la dernière glaciation (– 18 000 ans, corrigé ensuite à – 21 000 ans) avancée par l'astronome. Pourtant, peu à peu, les analyses isotopiques de sédiments océaniques puis de glaces polaires permettent de restituer l'histoire continue du climat sur plusieurs centaines de milliers d'années, laquelle met en évidence une réalité plus complexe, mais effectivement marquée par les fluctuations de la trajectoire de la Terre qui fondaient la théorie de Milankovitch. Les sédiments océaniques, en particulier, fournissent un outil d'évaluation du volume des glaces pour une période donnée, et donc les épisodes glaciaires. Lorsque se forment de grands glaciers continentaux, qui sont pauvres en isotopes lourds de l'oxygène et de l'hydrogène (les deux constituants de la molécule d'eau), l'eau de mer s'enrichit pour sa part de ces mêmes isotopes lourds, dont on retrouve une trace mesurable dans les coquilles de petits animaux marins, les foraminifères. Par ailleurs, les enregistrements océaniques portent la trace d'un événement qui remonte à 700 000 ans : le renversement du champ magnétique terrestre.

En 1976, une première étude utilise le dernier renversement du champ magnétique terrestre pour dater ces fluctuations climatiques, et montre qu'elles portent la trace de trois périodicités majeures, qui correspondent à celles des fluctuations de la trajectoire de la Terre.

1. Une première périodicité d'environ 100 000 ans est associée à la variation entre 0 et 3 % de l'excentricité de la trajectoire de la planète (voir p. 19).

2. Une périodicité de 20 000 ans concerne ce que l'on appelle la précession des équinoxes. L'obliquité de l'axe de rotation de la Terre détermine les saisons : on appelle solstices les moments où cet axe pointe vers le Soleil, équinoxes les moments où il est perpendiculaire à la direction Terre-Soleil. Le lent mouvement de l'axe de rotation de la Terre déplace les solstices à l'intérieur de l'ellipse que constitue la trajectoire terrestre avec une périodicité d'un peu plus de 20 000 ans. Ainsi, il y a 10 000 ans, la Terre était au plus près du Soleil pendant l'été de l'hémisphère Nord, été qui était alors beaucoup plus chaud. La situation inverse se produit actuellement, avec des étés au contraire plus frais. Le climat d'il y a 10 000 ans correspond à un « optimum » chaud appelé l'holocène. La température moyenne de la planète était alors plus élevée de 1 °C par rapport à aujourd'hui.

3. Une dernière périodicité de 40 000 ans résulte des variations d'obliquité de l'axe de rotation de la Terre, qui affectent en priorité l'intensité du cycle saisonnier dans les régions polaires. Plus la Terre est « couchée » sur le plan de son orbite (l'obliquité est alors importante), plus le contraste entre été et hiver est important dans les hautes latitudes.

Même s'ils ne donnent pas une explication complète des fluctuations du climat, ces résultats sont extraordinaires par la coïncidence entre ces deux approches pourtant si différentes : calculs astronomiques et analyses géologiques. De nombreux autres travaux sont venus les compléter et les affiner : la paléoclimatologie moderne est ainsi devenue un gigantesque champ d'étude qui permet de connaître de plus en plus précisément l'histoire de notre planète. L'analyse des fonds des océans nous donne aussi des indications sur l'évolution des températures océaniques et l'histoire des masses d'eau. Grâce aux forages dans les glaces polaires, on a pu retracer les variations de températures, sachant que la quantité d'isotopes lourds contenus dans la neige dépend de la température ambiante. L'analyse des bulles d'air scellées dans les glaces anciennes des pôles nous apprend la composition chimique de l'atmosphère sur une durée qui dépasse désormais 400 000 ans. Des travaux très récents, qui reconstituent la température polaire directement à partir de l'analyse de ces bulles d'air (la proportion d'un isotope de l'argon dans ces bulles varie avec la température), suggèrent aussi que c'est l'insolation, dans le passé, qui s'est modifiée avant la teneur en CO_2 – ce qui renforce l'idée qu'une variation d'insolation serait le facteur déclenchant des phases de déglaciation. Tous ces résultats confirment la théorie astronomique et mettent en évidence de manière très directe les modulations à 40 000 ans des températures polaires, ainsi que la période à 20 000 ans qui domine au contraire les fluctuations climatiques aux basses latitudes.

Ces résultats révèlent aussi un système complexe, dans lequel d'autres processus sont à l'œuvre. La rapidité relative des déglaciations (qui s'opèrent sur 5 000 à 10 000 ans) comparées aux glaciations (le climat se refroidit progressivement sur 100 000 ans environ), le fait a priori inattendu, compte tenu de son faible effet direct, que ce soit la variation d'excentricité à 100 000 ans qui domine les enregistrements, le comportement différent des deux hémisphères, la présence dans l'hémisphère Nord, en période glaciaire, de fluctuations violentes et rapides du climat, et bien d'autres éléments encore tendent à montrer que les modifications de la trajectoire de la Terre ne sont pas les seules causes du changement climatique. D'autres éléments peuvent jouer (changement de la puissance du Soleil, éruptions volcaniques) et le système climatique lui-même possède ses propres mécanismes d'évolution, internes, cachés dans la complexité des interactions entre atmosphère, glaces et océans.

Le temps des civilisations est marqué par un climat stable

Cette histoire complexe s'achève par une période très particulière : depuis près de 10 000 ans, le climat est d'une remarquable – et inhabituelle – stabilité.

Il y a 10 000 ans, nous l'avons vu, le climat était un peu plus chaud qu'aujourd'hui : il s'agit d'une différence faible en moyenne globale (1 degré en plus peut-être). Néanmoins, elle a provoqué des variations régionales aux conséquences importantes. Les climats d'été très chauds de l'hémisphère Nord ont favorisé le développement de moussons plus puissantes : l'air humide des océans, aspiré sur les continents par la dépression thermique, a apporté des pluies abondantes sur un Sahara devenu verdoyant, dans le sud de l'Arabie, la Mésopotamie, l'Inde. Ces conditions se sont maintenues pendant plusieurs milliers d'années, et leur disparition assez rapide il y a 5 000 ans environ a entraîné une désertification générale de ces régions.

Depuis 5 000 ans et jusqu'en 1850, le climat de notre planète n'a plus guère bougé. Bien sûr, les chroniques historiques font encore état de fluctuations localement importantes pour nos sociétés. Par exemple, l'optimum médiéval (c'est-à-dire la période plus chaude que cette ère a connue, aux alentours de l'an mil) permet le peuplement du Groenland par les Vikings, mais le refroidissement qui suit rend de plus en plus difficile le ravitaillement de la colonie, qui va s'éteindre doucement. Le « petit âge glaciaire » (appelé ainsi abusivement, car seuls les glaciers de montagne se sont quelque peu étendus) désigne les conditions plus froides (mais la température planétaire n'a même pas bougé de 1 degré) qui ont marqué le XVIIe et le début du XVIIIe siècle et que nous évoquent les marchés sur la Tamise gelée, les scènes d'hiver popularisées par les tableaux des Bruegel, ou les famines précédant la Révolution française. Ces fluctuations, si importantes qu'elles aient été pour ceux qui les ont vécues, ne constituent malgré tout que des variations mineures, comparées à ce qui s'est produit dans un passé plus lointain ou à ce que le futur semble nous réserver. Une de leurs causes possibles est la fluctuation de l'intensité du rayonnement solaire.

Quelles leçons tirer de l'histoire du climat ?

Même rapidement brossée, l'histoire du climat de notre planète permettra au lecteur de se débarrasser, si besoin est, de certaines idées communes mais malheureusement infondées.

Le climat a beaucoup varié au cours de la longue histoire de notre planète, parfois si brutalement et si radicalement que seule une petite fraction des espèces et des individus a pu perpétuer l'histoire de la vie. Même l'histoire de la dernière période glaciaire est marquée par des fluctuations extrêmement brutales du climat sur des périodes très courtes, qui semblent liées à des modifications rapides de la circulation atlantique. L'argument selon lequel les conditions climatiques sur Terre ont toujours permis la vie et donc la permettront toujours, n'est plus pertinent : la vie se développe selon les conditions du moment.

Par comparaison avec cette histoire très chahutée, nous venons de vivre 5 000 ans de climat exceptionnellement stable, grâce auquel nos sociétés se sont développées. Bien sûr, cette stabilité est relative : nous l'avons vu, il y a 500 ou 1 000 ans, des fluctuations sensibles pour nos sociétés ont eu lieu. Elles sont néanmoins restées faibles par rapport à celles plus anciennes (et plus habituelles) que le climat a connues.

Par ailleurs, même les fortes variations du climat, comme celles que le quaternaire a connues, ont souvent été causées par des phénomènes bien identifiés qui ne sont pas susceptibles de se répéter ou de produire des effets au cours des prochaines décennies. Les calculs astronomiques permettent par exemple de prédire que nous avons peu de risques de retrouver un climat glaciaire avant quelques milliers d'années. Une part de ces variations climatiques passées a aussi des origines moins bien connues, liées à la dynamique interne du climat (arrêt possible de certaines circulations océaniques, fonte rapide de glaciers) ou externes (variation d'intensité du rayonnement solaire, volcanisme). La stabilité des derniers milliers d'années montre que, tant que l'homme n'agit pas fortement sur son environnement, ces mécanismes ne sont pas non plus une source de fluctuations climatiques très importantes.

En résumé, l'histoire climatique de la Terre ne doit pas nous faire espérer que les fluctuations naturelles du climat pourront un jour contrecarrer les conséquences d'une intensification de l'effet de serre : les chances sont faibles ou nulles. En revanche, elle pose une question majeure : n'allons-nous pas quitter, du fait de notre action, le régime exceptionnel de stabilité du climat que nous connaissons depuis 5 000 à 10 000 ans, et renouer avec le régime de fluctuations violentes d'un passé pas si lointain ?

LA PART DE L'HOMME

Nous avons vu que ce sont des gaz présents en petite quantité dans l'atmosphère qui régulent en grande partie l'équilibre énergétique de notre planète. Depuis le début de l'ère industrielle, au XVIIIe siècle, la composition chimique de l'atmosphère s'est modifiée de manière brutale : en moins de deux siècles, la teneur en CO_2 a augmenté de 30 %, le méthane a plus que doublé, certains oxydes d'azote ont vu leur teneur s'accroître de manière exponentielle, et d'autres gaz ont fait leur apparition. Si de telles modifications ont pu avoir lieu, c'est en grande partie parce que ces gaz possèdent des caractéristiques qui leur permettent de s'accumuler dans l'atmosphère.

Les gaz à effet de serre

L'atmosphère n'est pas un réservoir inerte : les gaz qui y sont injectés, de manière naturelle ou

Évolution depuis l'an mil de la concentration atmosphérique de trois gaz à effet de serre présents à l'état naturel

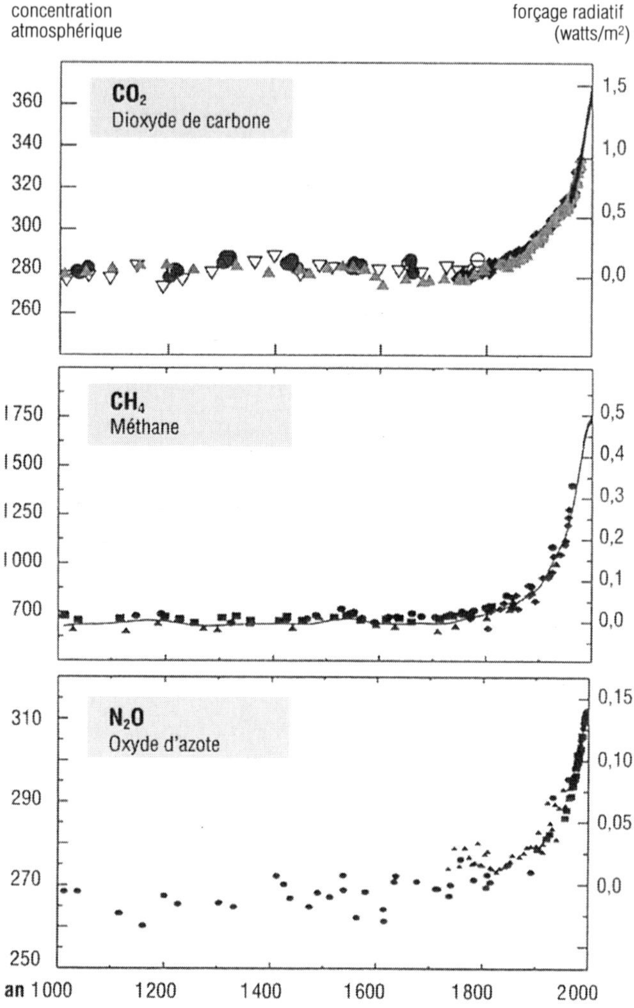

Source : GIEC, 2001.

du fait des activités humaines, sont soumis à des destructions par réaction chimique, ou à des échanges avec la surface terrestre (continentale ou océanique), qui affectent leur temps de résidence et leur concentration dans l'air.

On peut opposer de ce point de vue deux grandes catégories de gaz atmosphériques. Les gaz les plus toxiques, invoqués lorsqu'il est question de pollution atmosphérique, correspondent précisément à ceux qui sont fortement réactifs sur le plan chimique (c'est la raison même de leur toxicité) et se transforment très vite : si l'on cessait d'émettre ces polluants, il faudrait quelques semaines tout au plus pour que l'air redevienne propre.

Au contraire, les gaz à effet de serre sont souvent peu toxiques, donc relativement inertes sur le plan chimique. Ils séjournent très longtemps dans l'atmosphère, où ils peuvent s'accumuler, ce qui leur confère un rôle radiatif important. Si l'on entreprend de mesurer la durée de vie du CO_2 dans l'atmosphère, en cherchant à déterminer le temps de retour à un équilibre (différent de l'équilibre initial) après arrêt des émissions, on obtient une durée proche du siècle.

Quels sont les principaux gaz à effet de serre ?

La vapeur d'eau : de tous les gaz, elle est celui qui a l'action la plus importante sur le bilan radiatif de la planète. Mais sa durée de vie atmosphérique est très courte. Il ne s'agit pas là d'une affaire de chimie, mais de condensation. Le recyclage complet de l'eau atmosphérique, par la pluie et la neige, puis par l'évaporation des sols, se fait en quelques semaines. Les rejets de vapeur d'eau découlant de l'activité humaine (à travers l'irrigation, la combustion, les barrages, etc.) ne peuvent pas perturber de manière directe un cycle naturel aussi rapide. Une exception, toutefois : l'eau stratosphérique, dont la durée de recyclage est plus lente (quelques années) et dont la concentration peut être affectée, par exemple, par les rejets des turbines d'avions. La vapeur d'eau joue un rôle primordial, car sa concentration réagit très vite aux changements climatiques : un climat plus chaud induit un niveau plus élevé de saturation de l'atmosphère en vapeur d'eau, ce qui permet à l'air de devenir plus humide. Dans ces conditions, l'effet de serre augmente encore, et renforce le réchauffement. Ce rôle, dit « de rétroaction positive », fait de la vapeur d'eau un amplificateur potentiel des changements climatiques.

Le dioxyde de carbone (CO_2) : en termes radiatifs, il est le deuxième gaz à effet de serre. Sa teneur atmosphérique nous est bien connue, sur des périodes de temps très longues, grâce aux mesures qui ont été effectuées dans les bulles d'air ancien préservées dans les glaces de l'Antarctique et du Groenland. Effectuées aux pôles, ces mesures caractérisent néanmoins la composition de l'atmosphère pour l'ensemble de la planète : le temps de recyclage très lent du CO_2 permet aux mouvements de l'atmosphère, qui sont assez rapides, d'induire un mélange presque complet, et la concentration atmosphérique moyenne de ce gaz est la même au-dessus de l'Antarctique que partout ailleurs. L'augmentation continue de la teneur atmosphérique en CO_2 depuis la fin du XIXe siècle, jusqu'à des valeurs de plus de 360 ppm actuellement, constitue une perturbation extrêmement violente dont les analyses isotopiques* permettent d'affirmer qu'elle est bien le résultat des activités humaines.

On peut noter une accélération de la tendance à l'augmentation après les années 1950, qui correspond à une augmentation simultanée de la combustion totale de charbon et de pétrole. Cette augmentation rapide et incontestable du CO_2 atmosphérique affecte un cycle

complexe, celui du carbone, qui avait mis des milliers d'années à s'équilibrer.

Le stock atmosphérique de carbone (c'est-à-dire le poids du carbone dans les molécules qui en contiennent) augmente actuellement de 3 milliards de tonnes par an (soit 3 gigatonnes, notées 3 Gt). On peut estimer que 6 Gt sont émises annuellement par la combustion du charbon et du pétrole (voir schéma p. 133) et 1,5 Gt par la déforestation (le second poste s'appréciant plus difficilement que le premier). L'océan et la biosphère continentale « reprennent » donc pour le moment la moitié environ des émissions anthropiques. Le réservoir de carbone de l'atmosphère est de fait très réduit, et il échange en permanence avec des réservoirs bien plus importants. Les biosphères terrestres et océaniques contiennent 5 fois plus de carbone que l'atmosphère. Le stock de carbone de l'océan est 60 fois supérieur à celui de l'atmosphère, et celui des sédiments marins l'est 30 000 fois. Chaque année, de 90 à 100 Gt de carbone sont échangées entre l'atmosphère et l'océan ; une quantité à peine plus faible (de 50 à 60 Gt) entre l'atmosphère et la biosphère continentale.

Comparé à ces échanges naturels, l'apport des activités humaines peut sembler faible, et bien entendu l'argument a été utilisé sans vergogne

dans le débat public. Mais ce n'est pas le volume échangé qui importe, c'est le solde beaucoup plus faible de ces échanges naturels que l'activité humaine perturbe fortement. Dans le futur, le fonctionnement même du cycle du carbone pourrait évoluer avec le climat : des rétroactions pourraient se produire, beaucoup plus lentes, mais de même nature que celles évoquées pour la vapeur d'eau. Ainsi, dans un climat plus chaud, la capacité d'absorption du CO_2 par l'océan peut diminuer, la couche d'eau de surface, plus chaude, se mélangeant moins bien avec les eaux plus profondes ; la végétation continentale peut être soumise à un stress hydrique augmenté. Nous reviendrons sur l'importance potentielle de ces mécanismes (voir p. 131).

Le méthane : ce gaz possède une chimie complexe, qui interagit avec celle de l'ozone. Sa durée de recyclage est d'environ une décennie – une fois de plus, des mesures à très long terme ont été rendues possibles grâce à l'analyse des glaces polaires. Le méthane a vu sa concentration naturelle varier entre 0,4 ppmv et 0,8 ppmv au cours des 400 000 dernières années. Son augmentation jusqu'à 1,6 ppmv en moins de 100 ans marque, là encore, un changement d'une rapidité sans précédent. L'injection de méthane dans l'atmosphère correspond à des processus de fermentation anaérobie* (zones humides, dont rizières, fermentation dans la panse des ruminants, activité des termites, etc.) et sa progression évolue à peu près parallèlement au nombre d'habitants de la planète. Malgré une teneur atmosphérique bien inférieure à celle du CO_2, le méthane contribue de manière fort notable à l'effet de serre : l'ajout d'une molécule de méthane dans l'atmosphère produit un effet radiatif de 20 à 50 fois supérieur à l'ajout d'une molécule de CO_2 (voir p. 139). Le méthane peut lui aussi faire l'objet de rétroactions, certaines sources étant favorisées par un climat plus humide. Le permafrost* des régions proches du pôle (Sibérie) représente un danger particulier : il contient des quantités importantes de ce gaz (sous forme d'hydrate solide) susceptibles d'être libérées par un réchauffement du sol.

L'ozone : c'est le plus particulier des gaz à effet de serre existant à l'état naturel. Bien qu'il soit très réactif, sa teneur atmosphérique est partiellement pilotée par celle de gaz à évolution plus lente (le méthane, les chlorofluorocarbures ou CFC*). L'ozone est présent en premier lieu dans la stratosphère (entre 15 et 50 kilomètres environ) : il est le produit de la décomposition photochimique* de l'oxygène sous l'effet du rayonnement ultraviolet.

Cet équilibre photochimique, par lequel l'ozone stratosphérique est constamment renouvelé, est perturbé depuis quelques années par la présence de radicaux libres* chlorés provenant des CFC. D'où la diminution de l'ozone stratosphérique, qui se manifeste surtout (mais pas exclusivement) sur l'Antarctique à la fin de l'hiver austral [1].

Plus près du sol, la décomposition d'oxydes d'azote, plus abondants, catalysée par la présence de méthane, plus abondant lui aussi, augmente l'ozone des basses couches de l'atmosphère, en particulier l'été dans les grandes villes de l'hémisphère Nord. Cette augmentation contribue à l'effet de serre mais relève d'un processus tout à fait distinct de celui qui est à l'origine de la diminution de l'ozone stratosphérique (la pollution par l'ozone est nocive pour les populations des villes touchées et conduit à prendre des mesures d'alerte). Du fait de sa chimie complexe et de sa durée de recyclage très courte, la répartition de l'ozone dans l'atmosphère n'est guère uniforme à la surface de la planète. En aucun cas la diminution de l'ozone stratosphérique et l'augmentation de l'ozone troposphérique, qui apparaissent en des lieux

1. Voir l'ouvrage de Gérard Mégie, *Ozone, l'équilibre rompu*, Presses du CNRS, 1989.

et en des saisons différents, ne peuvent se compenser ! La complexité de la distribution de l'ozone, sa réactivité expliquent aussi que nous ne possédions pas de mesures aussi anciennes que pour le CO_2 et le méthane.

D'autres gaz à effet de serre ont augmenté de manière notable dans l'atmosphère, tels que les oxydes d'azote (en particulier N_2O), dont la présence est souvent liée à l'agriculture, ou encore les halocarbures. Plus la molécule est complexe, plus les effets radiatifs sont importants : une molécule ajoutée de CFC, par exemple, équivaut à plusieurs milliers de molécules de CO_2. Ces CFC (chlorofluorocarbures ou fréons) ont été choisis comme gaz propulseurs dans les bombes aérosols ou comme fluides dans les systèmes de réfrigération, en raison de leur très grande stabilité chimique, donc de leur absence de toxicité directe. C'est leur aptitude à se photodissocier dans la stratosphère – ils libèrent des radicaux chlorés qui attaquent la couche d'ozone – qui a conduit à la décision, inscrite dans le protocole de Montréal (1987), de mettre un terme à leur production. Toutefois, si les produits de substitution, regroupés sous les sigles PFC (perfluorocarbures*) et HFC (hydrofluorocarbures*), n'ont pas d'effet nocif sur l'ozone, ils n'en demeurent pas moins de très puissants gaz à effet de serre. Enfin, la durée de vie atmosphérique des CFC se mesure en siècles ou en millénaires, et leur production n'est pas complètement arrêtée : leur niveau s'est certes stabilisé depuis le protocole de Montréal, mais il n'a pas encore commencé à diminuer.

Évolution de la concentration atmosphérique de HCFC 141b et 142b

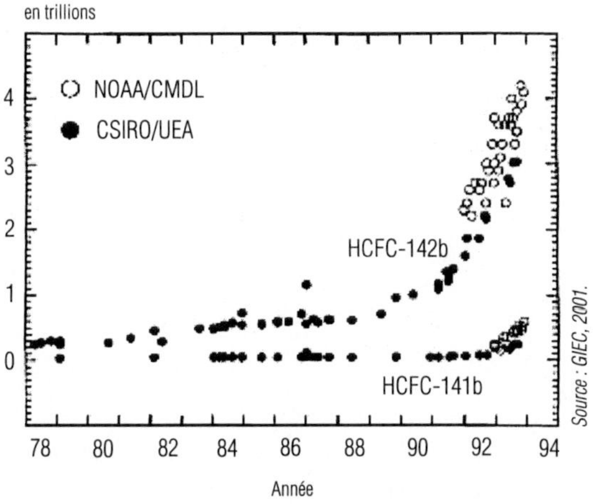

La concentration atmosphérique de ces deux halocarbures (des hydrochlorofluorocarbures) a été mesurée directement dans l'air car elle concerne des années récentes. Ces deux substituts au CFC voient leur valeur augmenter après le protocole de Montréal (1991) comme celle de n'importe quel HCFC ou PFC.
NOAA : National Oceanic and Atmospheric Administration.
CSIRO : Commonwealth Scientific and Industrial Research Organisation.

Actuellement, une bonne moitié de l'augmentation de l'effet de serre est due au CO_2, le reste étant le fait des autres gaz que nous venons de citer.

Le rôle de l'homme ne se limite pas aux gaz à effet de serre

Les émissions non gazeuses : les aérosols

Les pollutions de l'atmosphère ne sont pas seulement gazeuses, elles peuvent aussi modifier la teneur atmosphérique en particules solides ou liquides que les météorologues appellent aérosols* (à ne pas confondre avec ce que désigne ordinairement ce mot), dont l'origine est diverse.

L'usage du charbon et du pétrole s'accompagne souvent d'émission de dioxyde de soufre (SO_2), qui conduit à la formation d'aérosols de type sulfates. L'agriculture est à l'origine d'aérosols de type nitrates ; la combustion des forêts engendre une émission de suie, ou d'aérosols carbonés. Les phénomènes d'érosion des sols peuvent augmenter la proportion d'aérosols minéraux ou de poussières dans l'atmosphère.

Les aérosols ont une action multiple sur le rayonnement. Certains absorbent suffisamment le rayonnement terrestre pour que leur effet de serre soit notable (la suie, en particulier, car elle est noire). Mais c'est l'effet de réflexion qui domine chez la plupart, et ils contribuent alors à refroidir le système climatique en retournant directement vers l'espace une part de l'énergie solaire. Cet effet peut être indirect. Dans la nature, les gouttelettes d'eau nuageuse, dont le rayon mesure une dizaine de microns, ne se forment jamais spontanément, mais à partir de ce que l'on appelle un noyau de condensation, une particule plus petite, chimiquement active, souvent de l'ordre du micron. À quantité d'eau condensée égale, s'il y a plus d'aérosols, il y aura plus de noyaux de condensation, donc plus de gouttes d'eau. Le nuage, alors composé de gouttes plus petites mais plus nombreuses, couvre une surface de ciel plus grande, réfléchit mieux le rayonnement solaire et conserve aussi une plus grande partie de son eau parce que les gouttes de pluie se forment et grossissent moins vite. On a désormais des preuves de ce mécanisme : les mesures spatiales montrent que les gouttes d'eau dans les nuages sont en moyenne plus petites au-dessus des régions polluées, comme les continents de l'hémisphère Nord, qu'au-dessus des océans de l'hémisphère Sud. Des mesures effectuées dans le nuage de poussière qui s'échappe de l'Inde au moment de la mousson d'hiver vont dans le même sens. Mais l'amplitude de cet effet demeure l'un des facteurs les plus difficiles à apprécier pour interpréter convenablement les variations actuelles du climat. Les émissions particulièrement importantes d'aérosols durant les Trente Glorieuses ont pu masquer les débuts du réchauffement dû à un effet de serre d'origine anthropique. En revanche, les aérosols ne s'accumulent pas dans l'atmosphère, et il ne fait guère de doute que leur effet à long terme ne compensera pas celui des gaz à effet de serre.

Même l'usage des sols influe sur le temps qu'il fait !

L'action de l'homme sur le climat s'exerce par ailleurs à travers un usage modifié des sols : érosion due au surpâturage, déforestation. Ces effets sont importants à plusieurs titres. Tout d'abord, la végétation agit directement sur l'atmosphère : elle est le vecteur des échanges d'eau entre le sol continental et l'air (en particulier *via* le pompage par les racines), elle contrôle la manière dont le vent « frotte » sur le sol, et l'albédo en dépend. Si ces modifications sont souvent insuffisantes pour affecter de manière déterminante l'évolution globale du climat, elles peuvent néanmoins avoir un impact local considérable. Les modifications de l'usage des sols de même que l'équipement et l'usage des rivières peuvent s'associer aux changements climatiques pour engendrer des perturbations majeures, comme nous le rappelle l'assèchement dramatique de la mer d'Aral.

Une mesure des perturbations climatiques : le « forçage » radiatif

Comparer de manière cohérente l'effet des différentes perturbations que nous venons d'évoquer n'est pas chose aisée. On utilise pour cela la notion de « forçage radiatif » (néologisme sans doute le plus adapté pour traduire l'expression anglaise *radiative forcing*). Les différents gaz ou aérosols que nous émettons dans l'atmosphère, « toutes choses égales par ailleurs », provoquent une modification du bilan radiatif de la planète que l'on peut évaluer en Wm^{-2}.

Bien sûr, les choses ne restent jamais « égales par ailleurs », car toute modification du bilan radiatif de la planète entraîne une réaction du système climatique lui-même, et c'est donc par le calcul autant que par l'observation que nous

Représentation simplifiée des échanges d'énergie dans l'atmosphère

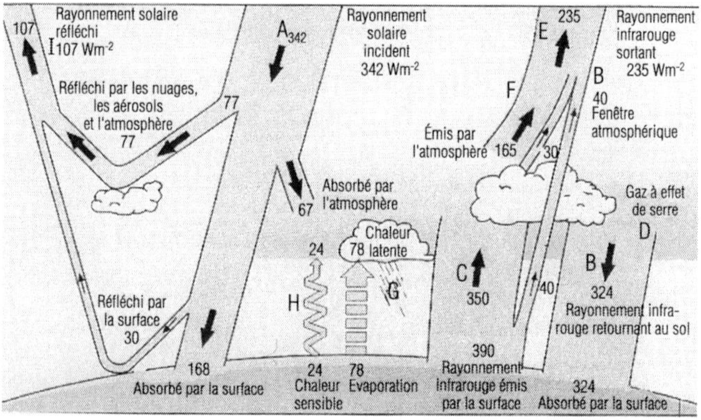

Source : GIEC, 2001.

Le terme A représente l'énergie solaire incidente, qui vaut, en moyenne, 342 Wm^{-2}. I représente la fraction de cette énergie qui est directement réfléchie par les nuages, les autres aérosols, l'atmosphère et le sol.

E représente l'énergie émise par l'atmosphère dans l'infrarouge, et lorsque la planète est à l'équilibre nous avons A = E + I.

Du sol vers l'atmosphère, l'énergie peut prendre la forme de chaleur sensible (H), de chaleur latente (G) ou de rayonnement infrarouge (C). De l'atmosphère vers le sol, il s'agit uniquement d'infrarouges (D).

L'action de l'homme, en modifiant la composition de l'atmosphère, rend celle-ci plus opaque aux infrarouges émis par le sol, ce qui conduit à diminuer le terme B (fraction du rayonnement terrestre qui « passe à travers » l'atmosphère sans être intercepté) et corrélativement à augmenter le terme C, puis le terme D. Le sol, recevant plus d'énergie, augmente sa température, jusqu'au moment où les termes H, G et C deviennent suffisamment puissants pour rétablir l'équilibre d'un terme D augmenté. Il y a donc une modification du bilan radiatif.

pourrons l'évaluer. Il faut aussi choisir l'altitude à laquelle il importe de définir ce forçage radiatif. Dans la mesure où le réchauffement lié à l'effet de serre concerne à la fois les couches basses de l'atmosphère (troposphère) et la surface terrestre, alors que les hautes couches de l'atmosphère (stratosphère) se refroidissent, c'est à la frontière entre les deux, à la tropopause*, que l'on estime généralement ces forçages radiatifs.

L'estimation est plus ou moins simple selon les perturbations considérées. La teneur atmosphérique en gaz à effet de serre est désormais bien connue, le réseau de stations de mesure s'étant étoffé depuis les premières analyses de Keeling à Mauna Loa en 1957. Des mesures satellitaires sont également disponibles, et comme ces gaz sont répartis de manière homogène, que leurs propriétés spectroscopiques sont bien répertoriées après plusieurs décennies de recherche, le calcul de leur impact radiatif est relativement sûr. Il n'en va pas de même pour les aérosols : ils forment des panaches* aux formes complexes, leur impact est modifié en présence des nuages, leur capacité à réfléchir le rayonnement solaire dépend de la taille des particules et les mesures spatiales restent insuffisantes.

L'augmentation déjà acquise des gaz à effet de serre (+ 30 % de CO_2, doublement du méthane, etc.) a déjà élevé l'énergie reçue par le sol de 2,5 Wm^{-2} environ. Cette valeur peut paraître faible comparée à la constante solaire (ou plus exactement à sa fraction qui met en œuvre le système climatique, soit 240 Wm^{-2}), puisque la perturbation anthropique ne représente que le centième de la machine thermique Planète Terre. Mais, si l'on songe que la température de notre planète est de 300 Kelvin, ce changement est suffisant pour élever la température moyenne en surface de quelques degrés, chiffre considérable si l'on se souvient par exemple que seuls 5 ou 6 degrés nous séparent d'un âge glaciaire. Durant plusieurs milliers d'années, le système climatique est resté très stable : un déplacement du point d'équilibre de quelques degrés en un siècle constituerait bel et bien une perturbation majeure.

Cette difficulté à quantifier l'impact des aérosols nous place dans une situation quelque peu paradoxale. D'une certaine manière, le futur lointain est plus facile à appréhender : avec un très haut niveau de certitude, on peut affirmer que le forçage radiatif dominant sera celui des gaz à effet de serre, qui vont continuer de s'accumuler dans l'atmosphère, à la différence des aérosols. En revanche, ce qui s'est passé au

XXe siècle reste délicat à évaluer : l'effet de serre ne s'est pas encore élevé très au-dessus des autres perturbations anthropiques (notamment celle des aérosols) ni des perturbations naturelles. Son effet réel n'en est que plus difficile à distinguer et à évaluer quantitativement.

Le climat a-t-il commencé à évoluer ?

Depuis que les menaces liées à l'augmentation des gaz à effet de serre sont devenues préoccupantes, de plus en plus nombreux sont ceux qui scrutent le ciel pour voir arriver les orages annoncés, et chaque tempête, chaque inondation entraîne la même question : le changement climatique est-il là ? Pour toutes les raisons que nous venons de détailler, constater qu'un début de changement climatique s'est produit ne suffit pas pour affirmer qu'un changement plus important aura lieu plus tard. Cependant, c'est bien cette question qui monopolise très souvent les débats publics autour de l'effet de serre. Ce questionnement si naturel, surtout de la part des victimes d'intempéries, constitue un terrain particulièrement favorable aux manipulations de l'opinion publique : il met en évidence des incertitudes de la connaissance scientifique qu'il est tentant d'avancer pour ne rien faire.

Posons-nous alors une question : qu'est-ce qu'un changement climatique et quelles peuvent en être les manifestations ?

Nous vivons dans un pays, la France, où le temps varie de jour en jour, si ce n'est d'heure en heure. Notre appréciation d'un changement est tributaire de données statistiques. D'une certaine manière, quand nous essayons de savoir « si le temps se détraque », nous nous trouvons dans la même situation qu'un joueur désirant savoir si son dé est pipé : peu importe qu'il ait tiré une fois le 6, il faudra qu'il le tire un grand nombre de fois pour s'assurer que ce n'est plus l'effet du hasard. À court terme, il n'est pas plus aisé d'apprécier l'évolution du climat à travers l'évolution de ses composantes, celles-ci étant par nature fluctuantes, comme les régimes locaux de précipitations, ou rares, comme les ouragans de décembre 1999 en Europe. Bien sûr, nous savons, au bout du compte, que c'est la modification des statistiques relatives à ce type d'événements qui rend potentiellement dangereuse l'évolution du climat, mais ce n'est hélas que dans un second temps que nous disposons de ces informations.

Établir un diagnostic de l'évolution du climat requiert de choisir des indices intégrant ce qui peut se passer un peu partout sur la planète. Le plus utilisé est la température moyenne au sol, température qui, depuis le début de l'ère industrielle, a augmenté de 0,6 à 0,9 degré – une augmentation qui paraît supérieure aux variations naturelles du climat estimées sur le dernier millénaire.

Quel crédit accorder à cette estimation ? La mesure des températures moyennes au sol est certes difficile, mais s'est affinée au fil des années. La mise en place d'un réseau de mesures météorologiques systématiques sur les continents date d'à peine plus d'un siècle. Les équipes scientifiques qui ont entrepris d'analyser ces données ont dû rapidement travailler à l'élimination de plusieurs sources d'erreurs, dues notamment à l'interaction de facteurs non strictement climatiques. Les stations situées au centre d'agglomérations en plein développement sont affectées par l'effet « îlot de chaleur » d'une concentration urbaine, qui provient à la fois du chauffage, de la circulation automobile et de l'inertie thermique des bâtiments. Certaines ont néanmoins pu être placées à proximité des aéroports. Pendant la même période, les mesures systématiques de la température de l'eau de mer par les bateaux se sont généralisées. Là aussi, l'analyse de ces données a réclamé un travail difficile et soigneux : les équipes scientifiques qui ont effectué ces études ont recensé les méthodes en usage dans chaque marine, civile ou militaire, pour en corriger les biais : la température varie selon qu'on utilise un seau en bois plutôt qu'un seau en fer pour recueillir l'eau ; de même, la température mesurée sur le bateau à la prise d'eau des machines est différente de celle mesurée par un thermomètre directement plongé dans l'eau. Ces scientifiques ont également recoupé les données marines et terrestres en utilisant les stations météorologiques sur les îles, afin de réduire leur marge d'erreur. Autre obstacle à une mesure précise : les points de mesure ne sont pas distribués de manière égale à la surface du globe, et des méthodes statistiques sophistiquées ont été nécessaires pour pondérer les moyennes en fonction de la représentativité de chaque mesure.

Nous avons désormais une base beaucoup plus solide pour valider ces calculs : depuis deux décennies, des satellites effectuent des mesures de la température de surface, mesures régulièrement distribuées sur la planète, et permettent d'établir des moyennes en bonne continuité avec les estimations antérieures.

Bien sûr, le travail scientifique continue, et pose toujours de nouvelles questions. Ainsi, certains instruments spatiaux semblent indiquer, pour ces deux dernières décennies, un réchauffement de l'atmosphère, vers 5 ou 10 kilomètres d'altitude, plus faible qu'on ne l'attendait à partir des mesures au sol. Ces études ont parfois été utilisées de manière hâtive pour remettre en question la réalité du réchauffement climatique récent et l'influence de l'homme sur le climat – nous en reparlerons. Un article qui indiquait un refroidissement des températures de l'air à quelques kilomètres d'altitude a même été immédiatement repris dans la presse grand public avant que la communauté scientifique n'ait eu le temps d'approfondir l'analyse de ces premiers résultats. Il s'agit en effet de mesures complexes, indirectes, effectuées par plusieurs satellites successifs, dont l'altitude a varié, et dont les données ont été calibrées de manière partiellement indépendante. La série considérée, très courte, est également marquée au début par l'éruption du Pinatubo (effet de refroidissement par les poussières stratosphériques) et à la fin par un épisode El Niño (effet de réchauffement). S'il reste une part de mystère dans ces résultats, ils ne remettent pas en question l'analyse des données de surface et, malgré la difficulté du travail scientifique qui

Évolution de la température dans l'hémisphère Nord durant le dernier millénaire

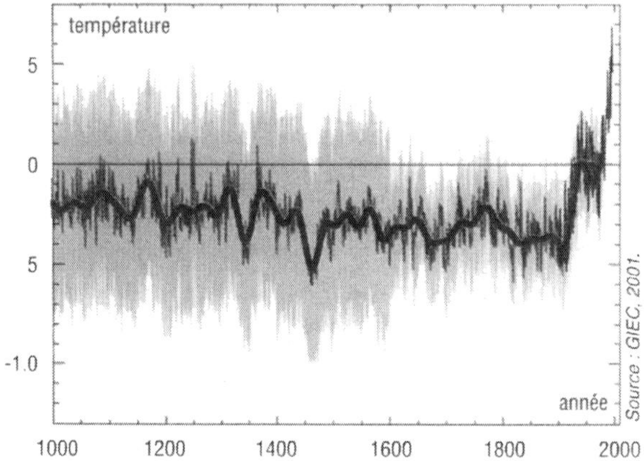

Le 0 de l'axe des ordonnées correspond à la moyenne de la période 1961-1990. Jusqu'en 1850 environ, les températures sont déduites d'analyses de coraux, de carottes sédimentaires ou glaciaires. Après cette date, des mesures directes deviennent disponibles. La zone grise délimite l'intervalle de confiance à 95 %. La courbe noire épaisse suit la moyenne sur quarante des valeurs les plus probables.

entre en jeu, il semble impossible de récuser le diagnostic selon lequel la température moyenne au sol a augmenté tout au long du XXe siècle.

D'autres indices corroborent par ailleurs l'existence de ce réchauffement, comme le retrait d'une grande partie des glaciers de montagne, l'amincissement de la banquise ou la montée du niveau des mers.

Dire que ces données font du XXe siècle un siècle différent de ceux qui l'ont précédé pose un autre problème : avant le XIXe siècle, au-delà de quelques rares séries de températures mesurées depuis la Renaissance, nous disposons surtout d'indices climatiques indirects (épaisseur ou densité des anneaux d'arbres, croissance du corail, analyse de carottes glaciaires).

Il est difficile de comparer directement ces données avec les données actuelles. Une analyse d'ordre qualitatif conduit cependant à des conclusions très significatives : le niveau très faible de fluctuation du climat au cours des derniers millénaires (voir graphique p. 82) autorise en effet à penser que le réchauffement rapide qui a eu lieu depuis les années 1960 est difficilement imputable à des causes naturelles.

Si les températures passées ne sont pas connues dans leur détail avec exactitude, il est cependant très probable que la température de l'année 1998 a été la plus chaude non seulement du siècle, mais aussi du millénaire, suivie immédiatement par 2002 et 2003.

L'interprétation de ce réchauffement, le problème de son attribution à une cause précise pose aussi une autre série de questions. Avant la Seconde Guerre mondiale, il n'était certainement pas le résultat des variations de l'effet de serre, trop faibles encore à cette époque. Mais, depuis les années 1960, nous venons de le voir, il est de plus en plus difficile d'associer le réchauffement à une variation naturelle du climat. L'augmentation des gaz à effet de serre fournit l'explication la plus cohérente de cette évolution récente des températures. D'autres explications ont été avancées récemment, par exemple la fluctuation de l'activité solaire. Les médias grand public se sont faits l'écho parfois complaisant de ces hypothèses qui restent pour le moment spéculatives, mais sont reprises avec force par certains groupes de pression, qui pensent ainsi discréditer les prévisions de changement climatique lié aux activités humaines. Pourtant, les fluctuations du rayonnement solaire paraissent beaucoup trop faibles pour expliquer l'augmentation rapide des températures depuis trente à quarante ans – alors que la croissance des gaz à effet de serre a l'ordre de grandeur suffisant. Certains scientifiques recherchent si d'éventuels mécanismes n'amplifieraient pas les effets des fluctuations solaires, comme la modification de la circulation stratosphérique ou encore le rôle possible des particules du vent solaire comme noyaux de condensation des nuages. Mais, pour le moment, il n'existe pas d'observations permettant de confirmer de manière vraisemblable les processus suggérés. Que les fluctuations solaires soient la principale cause du réchauffement récent ne constitue qu'une hypothèse non démontrée, qui souffre en outre de deux faiblesses faciles à comprendre : si un tout petit forçage solaire a pu faire monter la température moyenne de la planète de presque 1 degré au XXe siècle, comment expliquer que ce même forçage, qui s'est certainement déjà produit dans le passé, n'ait pas engendré des variations aussi fortes, que l'on devrait retrouver dans les enregistrements ? Et comment imaginer alors que la perturbation des gaz à effet de serre, qui engendre un forçage bien plus important, soit quant à elle restée sans incidence sur le climat ?

Le climat a donc commencé à changer, et désormais ce ne sont pas tant des preuves (y en aura-t-il jamais ?) qu'un faisceau de présomptions très sérieuses qui convergent pour montrer que l'activité humaine en est en grande partie responsable.

PRÉVOIR LE FUTUR : CERTITUDES SCIENTIFIQUES ET ZONES D'OMBRE

Si l'augmentation des gaz à effet de serre est indéniable, et si l'on commence très vraisemblablement à en percevoir les premiers effets, c'est surtout dans le futur que nous serons confrontés aux effets du dérèglement climatique. Quelques chiffres simples permettent de s'en convaincre : si le CO_2 atmosphérique a augmenté brutalement au XXe siècle pour dépasser 360 ppm, cela ne représente qu'une augmentation de 80 ppm par rapport à une valeur préindustrielle de 280 ppm. Il s'agit, nous venons de le voir, d'une augmentation susceptible de produire une variation climatique discernable, probablement pas de modifier en profondeur notre environnement. Mais une simple extrapolation du taux d'augmentation actuel jusqu'à la fin du XXIe siècle donne des valeurs proches de 900 ppm, sans tenir compte des autres gaz à effet de serre ni des possibles effets d'accélération liés à l'action en retour du climat sur le niveau de CO_2 atmosphérique. À ce stade, le doute n'est plus permis : le climat changera fortement. La seule question est de savoir comment.

La nécessité des modèles

Pour se projeter dans un futur qui ne ressemble à rien de ce que nous avons connu, un seul recours : la modélisation numérique. L'évolution actuelle du climat résulte des effets naissants des gaz à effet de serre, des autres perturbations anthropiques plus transitoires telles que les aérosols, ou encore des facteurs de variabilité naturelle, d'origine interne (fluctuation des courants océaniques) ou externe (variations solaires, volcanisme). Une situation trop complexe pour que l'on puisse déterminer ce qui se passera plus tard par simple extrapolation des tendances actuelles.

Le développement des modèles numériques utilisés à ces fins représente une trentaine d'années de travail dans un grand nombre de laboratoires. À l'origine se pose une question fondamentale : les lois de la physique permettent-elles de reconstruire le climat de notre planète, c'est-à-dire les grands régimes de vents ou de courants, les régions de sécheresse ou d'humidité, ainsi que leurs variations saisonnières ou interannuelles ? En d'autres termes, est-il possible de créer, à partir des équations de la thermodynamique ou de la dynamique des fluides, une planète virtuelle dont le comportement serait proche de celui de la planète réelle ? La réponse est désormais très clairement positive. Au fil des années, avec l'augmentation de la puissance des calculateurs, les modèles sont parvenus à un grand niveau de réalisme. Sous le seul effet des équations fondamentales de la physique, il est aujourd'hui possible de simuler tous les grands modes d'organisation du climat. Les grands régimes de vent (des alizés près de l'équateur aux vents catabatiques descendant de l'Antarctique, en passant par les grands jets atmosphériques*), les principaux courants océaniques (et en particulier l'extension vers le nord de l'Atlantique du Gulf Stream), les grands régimes de nuages ou de précipitations, le positionnement des déserts, les échanges d'énergie avec l'espace, tout cela est désormais restitué par les modèles numériques, en conformité avec les données d'observation (pour le climat présent ou le passé proche, bien sûr). Ces planètes artificielles représentent aussi avec un réalisme de plus en plus grand les fluctuations brèves du climat, comme le cycle saisonnier des températures et des précipitations, avec le déclenchement des processus de mousson, et même certains modes d'oscillations naturelles beaucoup plus lentes, tels que les événements El Niño ou les variations quasi décennales des structures météorologiques dans la région Nord-Atlantique. Il s'agit là de succès dont beaucoup avaient douté qu'ils soient possibles. Grâce aux avancées scientifiques récentes, les modèles sont désormais capables de mettre en route la circulation de modèles océaniques eux-mêmes réalistes. En appliquant leurs résultats à des modèles écologiques il a été possible de reconstruire des distributions planétaires de la végétation conformes aux observations (sur les continents comme dans les océans), ou de représenter de manière cohérente les grands processus qui conditionnent la chimie de l'atmosphère. Les mêmes modèles ont aussi permis de gagner plusieurs jours dans la prévision du temps, de démarrer une activité de prévision océanographique opérationnelle, d'expliquer les circulations atmosphériques de plusieurs autres planètes (Mars, Vénus, Titan), ou de reconstruire les climats que nous avons connus à l'holocène ou au dernier maximum glaciaire. Tout cela démontre que les lois de la physique aux fondements de ces modèles constituent un outil puissant et irremplaçable de compréhension du monde réel.

Certes, les « planètes numériques » ne sont pas des copies exactes des planètes réelles. Les modèles souffrent de plusieurs fragilités et difficultés conceptuelles qu'il est important de recenser. Première limitation : on ne peut pas résoudre les équations de la dynamique de l'atmosphère ou de l'océan sur toute la sphère terrestre. Les vents ou les courants, la température, la vapeur d'eau, les nuages, la salinité de l'eau océanique, tout est alors calculé aux nœuds d'un maillage* assez lâche : quelques centaines de kilomètres à l'horizontale, de l'ordre du kilomètre à la verticale. Pour les écoulements atmosphériques et océaniques, la partie « grande échelle » (organisée à l'échelle de centaines ou de milliers de kilomètres) est la seule décrite de manière explicite. La conception des modèles repose sur l'idée que cette échelle domine et suffit à déterminer (au moins de manière statistique) le rôle des échelles moindres. L'hypothèse est généralement avérée, mais dans certaines limites. Pour le moment, il n'existe pas d'alternative au problème : même limités à un maillage grossier, les modèles climatiques saturent la puissance des ordinateurs les plus rapides. Dans un avenir proche, des machines d'une puissance de plusieurs dizaines de téraflops* (annoncées au Japon ou aux États-Unis) devraient permettre de réaliser un saut qualitatif en résolvant explicitement certains mouvements convectifs de plus petite échelle (voir p. 37).

Deuxième limitation des modèles actuels : leur construction n'est pas achevée. Et ce, même si des progrès considérables ont été accomplis ces dernières années : d'abord purement atmosphériques, les modèles ont intégré une représentation de plus en plus complexe des océans, puis de la glace de mer. Ce développement est amené à se poursuivre. Ainsi, le couplage étroit entre les cycles chimiques et biochimiques qui contrôlent la composition de l'atmosphère et le climat lui-même commence à être pris en compte. Des simulations récentes montrent que le réchauffement du climat peut diminuer la quantité de carbone que l'océan ou la végétation sont capables de prendre à l'atmosphère et augmenter la part qui y subsiste. Évaluer ce genre de processus est indispensable pour déterminer le niveau souhaitable de réduction des émissions, donc les modèles évoluent, intègrent des modules chimiques et biochimiques, et leur complexité croissante se rapproche peu à peu de celle du monde réel.

Cela nous amène à une troisième limitation, bien plus fondamentale : le système climatique n'est pas complètement prévisible, et cette contrainte se répercute sur sa représentation numérique. Les météorologues savent depuis longtemps qu'il suffit de quelques jours pour que les battements d'ailes d'un papillon parviennent, sinon à créer des tempêtes, comme on le dit parfois, du moins à changer le fil de l'Histoire. Le climatologue n'estime les changements à venir que sur un mode statistique, car il est impossible de prévoir en détail les conditions météorologiques de l'été 2056. On utilise le modèle pour évaluer l'ampleur des perturbations possibles du climat, mais, parmi tous les futurs possibles que les simulations laissent entrevoir, le système climatique réel n'en choisira bien sûr qu'un, et un seul.

Face à ces difficultés, chaque institut travaille à développer son propre modèle. En dépit de leurs différences, les modèles nous ont fourni au cours des dernières années un cadre de réflexion aussi rigoureux que possible pour explorer la complexité du monde réel. Ils ont permis de réfuter l'idée selon laquelle le système climatique réel, avec ses processus multiples, serait bien plus stable que les idéalisations fort simples que l'on pouvait en faire. Malgré une grande diversité, ils respectent tous les équations fondamentales et les lois de conservation de la physique, ce qui explique la convergence parfois remarquable de leurs résultats. L'incertitude qui accompagne leurs prédictions reflète de moins en moins l'ignorance des scientifiques, et de plus en plus le fait que le monde réel demeure en partie imprévisible. La modélisation a permis de dessiner un faisceau de futurs possibles où le climat paraît inévitablement appelé à changer.

Quelles émissions au XXIe siècle ?

Tenter de comprendre ce qu'il adviendra du climat, c'est aussi tenter de prévoir ce que feront les hommes. Les aspects socio-économiques et climatiques sont fortement liés : un changement climatique, par exemple, en rendant le bois plus ou moins abondant, donc plus ou moins cher, peut agir sur la déforestation, laquelle agit sur le climat. Bien qu'apparaisse une première génération encore un peu rudimentaire de modèles dits « intégrés » prenant ce type d'interactions en compte, les climatologues ont cherché jusqu'à présent à sérier les problèmes et à travailler à partir d'hypothèses simples. Un grand nombre de simulations numériques ont envisagé le cas du doublement du contenu atmosphérique en CO_2 (par rapport à sa valeur préindustrielle). Ce doublement pourrait se produire au cours de ce siècle : si l'on confond le rôle de tous les gaz à effet de serre dans un « équivalent CO_2 », qui augmente actuellement au taux approximatif de 1 % par an, ce doublement serait atteint vers 2050. Il correspond à un forçage radiatif de 4 Wm^{-2}.

Mais la croissance démographique que nous connaîtrons, le type de développement et les choix de société que nous ferons, les événements heureux ou moins heureux (récessions, guerres, épidémies…) qui marqueront l'histoire des années à venir moduleront fortement les futures émissions de gaz à effet de serre, et donc l'évolution climatique de notre planète. Afin d'anticiper celle-ci au mieux, le Groupe intergouvernemental sur l'évolution du climat, ou GIEC (voir p. 191), a mis en place une série de scénarios de référence qui dessinent des hypothèses hautes et basses pour les émissions futures.

Ces scénarios, dont chacun est identifié par un sigle (voir page suivante), reposent tous sur un ensemble d'hypothèses cohérentes concernant l'évolution de la démographie et de la consommation matérielle par habitant (dépendant elle-même des taux de croissance économique et du degré de « dématérialisation » de l'activité humaine), mais également les choix faits sur les sources d'énergie utilisées, le prix de l'énergie et/ou sa disponibilité, etc.

Les scénarios de référence du GIEC

Les scénarios montrent la diversité des hypothèses prises pour les émissions futures en dioxyde de carbone (CO_2), méthane (CH_4), protoxyde d'azote (N_2O) et dioxyde de soufre (SO_2)

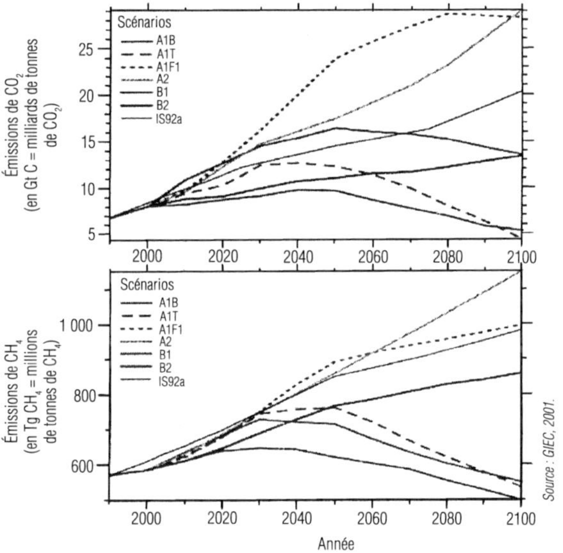

Les scénarios d'émission, au nombre de plusieurs dizaines, sont regroupés en quatre grandes « familles », chacune désignée par un sigle (A1, A2, B1, B2). On retrouve dans chaque famille des hypothèses voisines quant à l'évolution démographique et les choix de société.

• La famille A1 correspond à un monde où la population mondiale culmine en 2050 à près de 9 milliards d'individus, avant de commencer à décroître. La crois-

pour les émissions futures

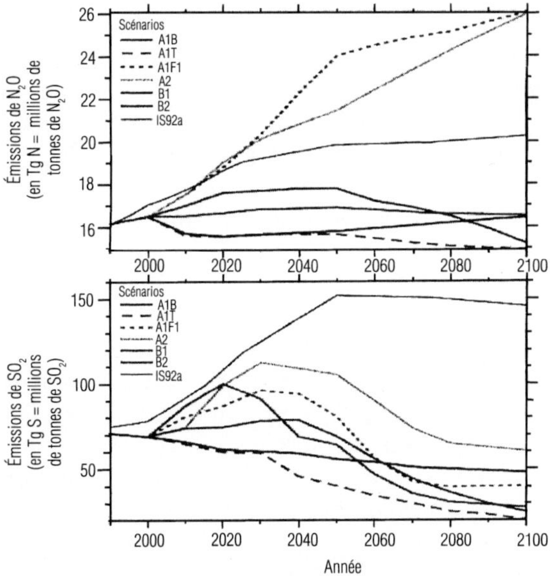

sance économique est très rapide, mais la pénétration de nouvelles technologies peu consommatrices d'énergie, elle aussi rapide, en modère les effets. Le revenu par tête et le mode de vie convergent entre les différentes régions du monde (les Chinois, les Indiens et les Occidentaux vivent de manière toujours plus semblable) et les interactions sociales et culturelles augmentent aussi fortement.

La famille A1 possède trois variantes discriminées par les différents « paniers » de ressources énergétiques utilisés : A1FI, « FI » signifiant « *fossil intensive* », est caractérisé par une utilisation intensive des énergies fossiles ; A1T, au contraire, par une utilisation intensive des sources non fossiles (incluant le nucléaire) ; et enfin A1B ne privilégie aucune ressource spécifique, mais fait appel à toutes les formes d'énergie.

• Dans le scénario A2, la population mondiale atteint 15 milliards d'individus en 2100, sans cesser de croître après. La croissance économique et la pénétration de nouvelles technologies peu consommatrices d'énergie sont très variables selon les régions. De manière générale, le monde évolue de façon très hétérogène, et les très fortes disparités de niveau de vie et d'évolution démographique se maintiennent.

• Les scénarios de la famille B1 correspondent à un monde où la population mondiale culmine en 2050 à près de 9 milliards d'individus pour décroître ensuite. L'économie est dominée par les services et les technologies de l'information. Les nouvelles technologies peu

Du point de vue de la perturbation climatique, la palette des scénarios est relativement large, puisque les émissions de CO_2 en 2100 varient d'un facteur 5 entre le plus « pessimiste » et le plus « optimiste », les émissions de méthane varient d'un facteur 2 (les émissions de méthane étant très liées aux pratiques agricoles, les émissions, à population donnée, sont considérées comme étant moins variables), de même que les consommatrices d'énergie sont massivement utilisées et, plus généralement, l'attention portée aux problèmes économiques, sociaux et environnementaux constitue un aspect important des politiques publiques. Ce souci pour l'environnement prend ici un caractère général : le scénario B1, tout comme l'ensemble des scénarios du GIEC, ne prend en compte aucune initiative explicitement destinée à faire baisser les émissions de gaz à effet de serre.

• Dans la famille B2, la population mondiale atteint plus de 10 milliards d'individus en 2100, sans cesser de croître. L'économie devient de plus en plus locale, et les problèmes économiques, sociaux et environnementaux constituent, comme pour la famille B1, un souci majeur des politiques publiques. Là encore, aucune initiative particulière explicitement destinée à faire baisser les émissions de gaz à effet de serre n'est prévue. La dispersion entre les revenus par tête est inférieure à celle du scénario A2, mais supérieure à celle du scénario A1, et les nouvelles technologies se développent de manière inégale et moins rapidement que dans B1 ou A1.

émissions de N_2O (pour les mêmes raisons). Les émissions de dioxyde de soufre (SO_2), qui constituent un polluant atmosphérique toxique, responsable notamment des pluies acides, varient d'un facteur 3 (figure p. 97). Ce dernier point est important : le haut de la fourchette des élévations de température, dans le rapport 1996 du GIEC, était de 3,5 °C, alors que celui du rapport 2001 est de 5,8 °C. Cette différence tient en partie à une nouvelle hypothèse concernant les émissions de CO_2 : celles-ci pourraient être plus élevées que ce qu'on avait précédemment envisagé. Mais elle tient également à l'hypothèse que la pollution locale et donc les émissions de dioxyde de soufre (créant des aérosols refroidissant le climat, voir p. 71) pourraient être combattues avec plus de vigueur que ce qu'on avait pu jusque-là considérer.

De fait, la reconstitution de la teneur atmosphérique en aérosols soufrés montre une décroissance significative de ces particules dans l'air depuis quelques décennies (figure ci-dessus), qui traduit une préoccupation croissante face aux problèmes de qualité de l'air. Il est légitime, pour les rédacteurs des scénarios, de penser qu'elle va continuer à s'accroître.

Ces scénarios n'ont pas été hiérarchisés par leurs concepteurs : aucun d'entre eux n'est présenté comme étant plus probable qu'un autre. Ils n'ont pas plus la prétention de couvrir tout l'éventail des futurs possibles. Ils décrivent un ensemble de futurs seulement plausibles, correspondant chacun à des hypothèses de développement explicites. Leur existence permet aux différentes équipes de modélisation du climat de par le monde de travailler avec des représentations communes de la perturbation due à l'homme, ce qui est indispensable pour que

Émissions de SO_2 reconstituées depuis 1600 par l'analyse de la concentration en sulfates dans les glaces polaires

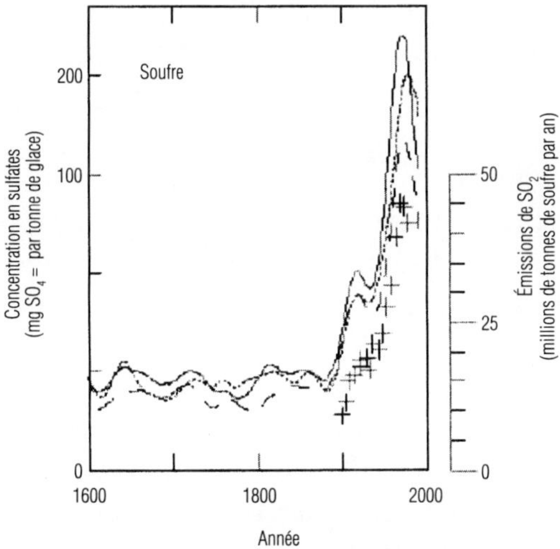

La courbe pleine (échelle de gauche) représente la concentration en sulfates. Les croix (échelle de droite) représentent les émissions de SO2.
On note une nette décroissance depuis 1950.
Source : GIEC, 2001.

les comparaisons entre les simulations réalisées par des modèles distincts soient possibles. Ces scénarios posent de nouveaux problèmes aux modélisateurs. Il faut pouvoir passer des émissions de gaz à effet de serre à leur teneur atmosphérique : chacun des gaz a une chimie distincte, un temps de résidence différent, et une étape de modélisation chimique ou biochimique (souvent un peu simplifiée, comme nous l'avons vu) est nécessaire.

Quel réchauffement global ?

Le rapport 2001 du GIEC a annoncé pour 2100 une augmentation des températures globales de 1,5 à 6 °C par rapport aux valeurs préindustrielles (c'est-à-dire 1900). La large fourchette des évolutions possibles a souvent été interprétée comme le signe de notre incapacité à comprendre parfaitement comment le système climatique réagira à la perturbation que nous lui infligeons, d'aucuns y voyant la confirmation que le plus urgent est de ne rien faire. En fait, il est essentiel de comprendre que cette élévation n'est pas une prévision, mais la réponse des modèles aux scénarios d'émission de gaz à effet de serre, lesquels, nous l'avons vu, sont assez variés. La dispersion des différents modèles pour un même scénario peut atteindre 2 °C, et celle entre les scénarios pour un modèle donné est elle-même responsable d'un écart supplémentaire de 2 °C sur l'augmentation de la moyenne planétaire de température en 2100. L'incertitude liée aux modèles, c'est-à-dire à la représentation imparfaite de la machine climatique par l'ordinateur, et celle concernant le scénario qui s'accomplira effectivement dans le futur sont globalement du même ordre.

Quelques degrés de réchauffement prévus, quelques degrés d'incertitude en plus ou en moins : tout cela est-il si important ? 1,5 ou même 6 degrés paraissent très peu, si l'on se réfère aux variations de température de plus de 10 degrés que nous constatons tous chaque jour entre 7 heures du matin et 5 heures de l'après-midi, mais cette augmentation est en fait tout à fait considérable pour la moyenne planétaire. À titre d'exemple, pendant un âge glaciaire au cours duquel le Canada et l'Allemagne étaient entièrement couverts d'un glacier de 3 kilomètres d'épaisseur, le niveau de la mer avait baissé de 120 mètres, et la partie de l'Europe qui n'était pas en permanence englacée possédait une maigre végétation bien incapable de nourrir quelques millions d'habitants : pourtant, la température moyenne de la planète n'était « que » de 5 ou 6 degrés plus basse qu'aujourd'hui.

Nous ne sommes pas actuellement en mesure de décrire avec précision à quoi ressemblerait le monde avec une température qui serait cette fois plus chaude de quelques degrés, mais une chose est certaine : il serait fort différent de celui que nous connaissons aujourd'hui. Nous aurons l'occasion de revenir sur les implications d'un tel changement (page 111), mais la description succincte que nous avons faite du système climatique permet déjà de comprendre que seront en jeu la survie d'un certain nombre de paysages et de biotopes, en particulier dans les zones habituellement enneigées, l'habitabilité de régions qui seraient sujettes à des sécheresses prolongées, la fragilisation des zones littorales face à la montée du niveau de la mer, etc. Aucun modèle ne simule de situation où le climat resterait peu sensible à une augmentation massive des gaz à effet de serre. La valeur la plus basse (2 °C en 2100) implique déjà une importante perturbation climatique. Elle correspond à la fois à un scénario où les émissions de CO_2 retrouveraient à la fin du XXIe siècle leur valeur actuelle, après une phase transitoire d'augmentation, et au pronostic d'un des modèles pour lesquels les taux des gaz à effet de serre dans l'atmosphère sont les moins élevés.

Cette diversité de pronostics pour un même scénario renvoie également aux difficultés qu'ont les modèles à rendre compte des processus d'amplification possibles, les rétroactions atmosphériques, qui désignent les modifications du système climatique agissant en retour sur le réchauffement global. Elles jouent en effet un rôle capital dans l'élévation de température moyenne qui sera atteinte.

La première, comme nous l'avons vu, provient de la vapeur d'eau (voir p. 62). Une part importante du transport vertical de l'eau étant assurée par les petits mouvements convectifs, encore mal cernés dans le détail, cette rétroaction n'est modélisée que de manière approximative. Certains chercheurs attirent l'attention sur le rôle que pourrait avoir, au niveau radiatif, un assèchement accru de la partie descendante des cellules de Hadley : il diminuerait l'effet de serre et compenserait l'humidification associée à la partie ascendante, qui, elle, l'augmente. Toutefois, divers indices, en particulier satellitaires, ne semblent pas confirmer cette hypothèse.

Une deuxième rétroaction importante provient de la fonte des neiges, ou des glaces de mer, lesquelles entraînent une variation de l'albédo, ce qui, en retour, modifie le système climatique. Le caractère amplificateur de cet effet est peu contesté, mais son amplitude demeure incertaine. Elle dépend, dans le cas de la neige, du couvert végétal sous-jacent, de l'âge de la neige, de son état.

Enfin, les nuages feront aussi l'objet de rétroactions, dont le caractère amplificateur ou stabilisateur reste difficile à déterminer du fait de la multiplicité des processus qui peuvent changer (pour ne citer qu'un exemple, celui de la modification de l'altitude à laquelle l'eau se transforme en glace). Malgré des progrès considérables dans la compréhension qualitative de la formation des nuages, ces derniers constituent la plus forte source d'incertitude sur l'évaluation du réchauffement global. L'essentiel de la différence des résultats entre modèles leur est attribuable, soit plus de 2 °C à échéance de 2100. Comment savoir si ce sont les effets, souvent contraires, de leurs variations de hauteur, de contenu en eau ou en glace, de couverture, qui constitueront l'effet dominant ? Plusieurs satellites de mesure des paramètres nuageux sont désormais disponibles et pourraient permettre de réduire peu à peu ces incertitudes, mais le travail est encore important.

Certaines rétroactions, aux conséquences potentiellement majeures sur le long terme, n'ont fait l'objet que d'une prise en compte très simplifiée dans les simulations actuelles : c'est par exemple le cas de l'effet qu'aura un changement climatique sur le cycle du carbone (voir p. 131) ou, de manière plus générale, sur l'état de la végétation.

Des changements contrastés

Les modèles peuvent aussi nous fournir des indications sur la répartition géographique du réchauffement. Dans toutes les simulations, le réchauffement de surface est maximal vers les pôles. Les régions continentales seront plus affectées que les océans, lesquels ont une inertie thermique considérable. Dans les régions intertropicales, la convection atmosphérique, en transportant la chaleur du sol vers les hautes couches de l'atmosphère, limite partiellement les changements de température en surface, mais au prix d'une forte modification des précipitations. De ce fait, les modifications du cycle hydrologique seront plus marquées dans les régions de basse latitude, avec une tendance très générale à l'intensification des conditions actuelles : plus de pluie dans les régions où il pleut déjà, moins de pluie dans les régions semi-arides. Les modèles s'accordent bien sur ces grandes tendances, beaucoup moins sur les différences concernant l'ampleur et la localisation précise de ces effets. Ces divergences proviennent pour une large part de la disparité des traitements quant aux effets de petite échelle (voir plus haut) et témoignent d'une certaine limite dans la prévisibilité du système.

Vers des évolutions irréversibles ?

Les projections climatiques se sont beaucoup focalisées sur le XXIe siècle. Mais la forte inertie de certaines composantes du système climatique telles que le cycle du carbone, l'océan ou les calottes polaires peut prolonger des évolutions bien au-delà de cette échéance et laisser craindre qu'elles ne deviennent irréversibles.

L'océan, du fait de son énorme capacité calorifique, constitue une composante lente du système climatique, qui affecte à la fois la vitesse à laquelle les changements peuvent se produire et leur éventuelle irréversibilité. Il met plusieurs décennies à se réchauffer de manière significative et en mettra tout autant à se refroidir si le forçage radiatif additionnel des gaz à effet de serre s'annule. Mais il y a plus : la circulation océanique elle-même peut changer. La force inhabituelle des manifestations du phénomène El Niño au cours de la fin du XXe siècle soulève la question (non encore résolue) de son lien éventuel avec le début du réchauffement de la planète. Tous les modèles prévoient également, dans le cas d'un réchauffement, un ralentissement de la circulation océanique dans l'Atlantique Nord : dans un climat plus chaud, les précipitations tendraient à augmenter dans cette zone et, en devenant plus douces, les eaux perdraient en densité. Plus légères, elles pénétreraient moins facilement le fond des océans, affaiblissant ainsi tout le mécanisme de mise en route de la circulation de l'Atlantique Nord. Cette évolution rend délicate toute prédiction concernant l'Europe : même dans les conditions d'un réchauffement global, le climat pourrait s'y refroidir si le Gulf Stream venait à se ralentir ou à se déplacer. Certains modèles vont jusqu'à pronostiquer un arrêt quasi complet de la formation d'eau profonde, évolution rapide et catastrophique comparable à ce qui a pu être observé dans le passé au moment des débâcles glaciaires (de moins 20 à moins 10 000 ans) : l'océan serait alors attiré par un autre état d'équilibre (ou régime de circulation) que celui dans lequel il évolue actuellement. Le système climatique pourrait donc se caractériser par le franchissement de certains seuils (situés en l'occurrence vers le triplement ou le quadruplement du CO_2), mal connus, difficiles à évaluer dans l'état actuel de la science, mais au-delà desquels les évolutions deviendraient brutales et irréversibles.

De même, les estimations de la montée du niveau de la mer ont surtout été effectuées pour le XXIe siècle. On peut s'attendre, en 2100, à un relèvement moyen de 20 à 90 centimètres par rapport au niveau préindustriel, du fait essentiellement de la dilatation de l'océan ou de la fonte des glaciers de montagne. La possibilité d'une fonte des glaces polaires reste presque nulle à cette échéance, mais qu'en est-il au-delà ? Une fonte partielle de l'Antarctique (qui repose pour partie sur un socle rocheux au-dessous du niveau de la mer) aurait des conséquences phénoménales et irréversibles, entraînant une élévation du niveau de la mer se chiffrant en mètres (voir p. 118).

Une évolution rapide et irréversible du climat peut être liée à d'autres processus. Certaines forêts tropicales comme celle d'Amazonie pourraient souffrir de l'évaporation accrue due à un réchauffement du climat. Leur capacité à retenir du carbone serait alors fortement réduite, conduisant à une amplification considérable du réchauffement (voir p. 131). D'autres risques possibles sont liés à la présence de méthane, aujourd'hui contenu dans le sol gelé de Sibérie et susceptible d'être libéré lors d'un réchauffement (voir p. 135). En l'état actuel de la science, il est difficile d'argumenter en profondeur sur ces différents problèmes. Toutefois, les menaces existent et, pour être lointaines et incertaines, n'en sont pas moins directement liées aux comportements que nous choisissons d'adopter aujourd'hui.

QUELS RISQUES COURONS-NOUS ?

Nous avons pris l'habitude de tenir le climat pour une donnée immuable ou presque (à l'intérieur, bien sûr, d'une certaine fourchette de fluctuations naturelles bien répertoriées), et nos sociétés se sont ajustées aux conditions actuelles de manière extrêmement fine. Or les modifications qui nous attendent dépassent sans aucun doute celles que nous avons connues et nul ne sait si l'effort d'adaptation sera possible au moment du changement. Mais une analyse réellement prédictive est impossible à ce stade. Elle supposerait des prévisions régionales fiables, ce qui est – et restera – très difficile à obtenir. Estimer le risque climatique consiste donc principalement à caractériser la vulnérabilité de nos sociétés à des fluctuations du climat possibles mais non certaines.

Par ailleurs, s'il est déjà difficile de caractériser la vulnérabilité du monde actuel à des modifications climatiques, savoir ce qu'elle sera précisément dans 50 ou 100 ans tient de la gageure.

Par exemple, l'un des facteurs d'adaptation aux changements de nos sociétés sédentaires est l'abondance de l'énergie disponible. Que restera-t-il de cette abondance dans un demi-siècle ? La caractérisation des risques implique non seulement de savoir comment évoluera le climat, mais aussi nos facultés d'adaptation. Nous vivons dans l'idée que ces capacités d'adaptation vont toujours nécessairement en augmentant : mais ce n'est peut-être pas si simple !

Climats régionaux, variabilité, phénomènes extrêmes

Même dans son état naturel, le système climatique subit des fluctuations considérables. En Europe, les conditions varient fortement d'une année à l'autre, mais dans des limites connues, telles la date ultime des jours de gel ou les périodes possibles de grosses chaleurs. Dans les régions tropicales, le climat est souvent plus stable, mais cette stabilité peut être entrecoupée d'épisodes violents, par exemple de cyclones. Peuvent aussi se manifester des fluctuations interannuelles importantes conduisant à des sécheresses très sévères, en association avec le processus El Niño notamment. Là encore, nous

nous sommes adaptés à la manière dont surviennent ces fluctuations, souvent gouvernées par des règles assez strictes : les cyclones ne se développent qu'au-dessus des océans dont la température de surface dépasse 27 °C, et il est assez rare qu'une tempête de neige survienne sous les tropiques ou au cœur de l'été canadien.

Un changement climatique correspondra justement à un dérèglement de ces fluctuations naturelles et provoquera des événements inattendus tant dans leur localisation que dans leur intensité. Si la température augmente, les routes suivies par les cyclones peuvent changer. Dans un climat plus chaud et plus humide, le chauffage accru de l'atmosphère par condensation de l'eau pourrait affecter la fréquence ou la violence des cyclones, des orages ou des événements liés à El Niño. Dans tous les cas, le danger principal vient essentiellement du changement, donc de la rupture des habitudes. Un cyclone, en effet, ne fait souvent que peu de victimes dans une région comme la Floride, où toute une infrastructure de prévision existe : évacuation des populations, adaptation de l'habitat, réparation rapide des dégâts ; il peut en faire plusieurs dizaines de milliers (ou même plus) dans une région non préparée.

La prévision numérique ne fournira qu'un indicateur statistique grossier de ces événements extrêmes. Il est toutefois possible, dans certains cas, de préciser un peu les choses, par exemple en reliant la répétition d'événements climatiques locaux à l'évolution d'indices qui décrivent la circulation à grande échelle de l'atmosphère, lesquels sont plus facilement prédits par les modèles. En Europe, une part notable de la variabilité organisée du climat et des aléas climatiques de forte amplitude (tempêtes récurrentes, hivers anormalement froids) est corrélée à l'évolution de ce que l'on appelle indice de l'oscillation Nord-Atlantique (en anglais NAO), qui correspond à la différence saisonnière de pression au niveau de la mer entre les villes de Lisbonne et de Reykjavik. Cet indice caractérise l'intensité relative de l'anticyclone des Açores et de la dépression d'Islande, situation qui contribue généralement à une humidification du nord de l'Europe et à un assèchement du Sud. Depuis quelques années, cet indice augmente irrégulièrement. Surveiller si l'augmentation de l'indice NAO se confirme, estimer d'après les modèles dans quelle mesure elle peut être associée à un début de réchauffement : autant de manières d'aborder la prévision du changement climatique en Europe.

État des connaissances scientifiques sur l'évolution possible des phénomènes extrêmes

Type d'évolution climatique	**Probabilité pour le climat simulé du XXIe siècle, avec les scénarios d'émission utilisés**	**Cette évolution s'est-elle déjà manifestée durant la deuxième moitié du XXe siècle ?**
Augmentation des épisodes pluvieux intenses	Très probable pour de nombreuses zones	Probablement, au-dessus de nombreuses zones des moyennes et hautes latitudes de l'hémisphère Nord
Augmentation des sécheresses estivales au-dessus des continents	Probable, pour l'intérieur de la majorité des continents des moyennes latitudes (pas de convergence des simulations dans les autres cas)	Probablement pour quelques régions
Augmentation de la force maximale du vent des ouragans tropicaux	Probable pour certaines zones	N'a pas été constatée dans les quelques analyses disponibles
Augmentation des précipitations lors des ouragans tropicaux	Probable pour certaines zones	Pas assez de données disponibles pour une évaluation
Augmentation du nombre d'ouragans ou de leur zone de survenance	Incertain	Incertain

Source : rapport du GIEG, Climate Change 2001, The Scientific Basis.

Tableau 1

Montée du niveau de la mer

La montée prévisible du niveau de la mer résulte de deux processus principaux : la dilatation de la masse des océans (à masse égale, l'eau chaude occupe plus de volume que l'eau froide, et aux échelles de temps évoquées ici le contenant, c'est-à-dire le bassin océanique, ne se modifie pas beaucoup) et la fonte des glaciers, toutes deux étant provoquées par le réchauffement.

Quantifier l'effet de la dilatation nécessite de bien estimer la répartition de ce réchauffement à l'intérieur de l'océan. Quant au bilan de l'eau stockée dans les glaciers de montagne, il dépend de deux processus opposés et concurrents : un climat plus chaud fera fondre le glacier plus vite dans sa partie basse, mais impliquera très souvent plus de précipitations, donc plus d'enneigement dans la zone où il se forme. Si l'on assiste actuellement à une diminution générale de l'étendue des glaciers, on ne peut toutefois pas en déduire la variation du volume de glace restante. La situation est encore plus complexe pour l'Antarctique ou le Groenland : comme ces immenses calottes polaires ont une température bien inférieure à 0 °C, l'accumulation de la neige n'y est pas compensée par une fonte, mais par une expulsion très lente d'icebergs vers l'océan : le petit flocon de

Élévations possibles du niveau de la mer d'ici à l'an 2100, pour les divers scénarios utilisés

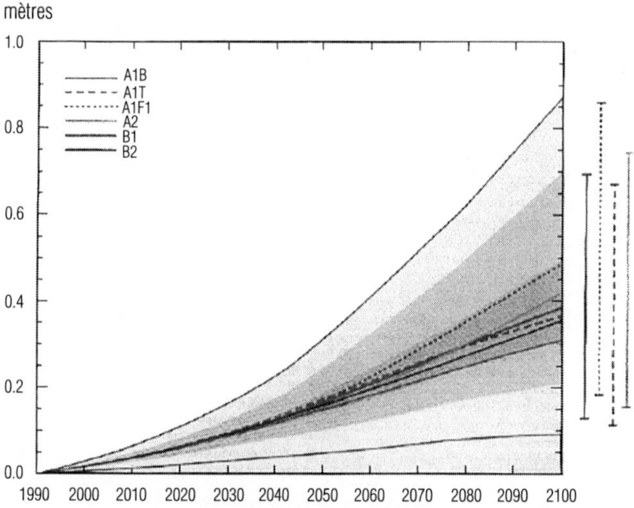

La fourchette des élévations possibles pour un même scénario d'émissions des gaz à effet de serre est matérialisée par une barre sur la droite. Chaque courbe correspond à la moyenne des différents modèles pour chaque scénario. Source : GIEC, 2001.

neige tombé au centre des calottes mettra ainsi des centaines ou des milliers d'années à retrouver la mer. De même que pour la température moyenne à la surface du globe, l'estimation d'une élévation de 20 à 90 centimètres du niveau de la mer en 2100 ne représente pas une prévision au sens strict, mais la réponse des modèles couplés aux scénarios d'émission de gaz à effet de serre que nous avons exposés page 92. Toutefois, l'océan possède une inertie bien plus grande que celle de l'atmosphère, et l'évolution du niveau de la mer pendant les quelques prochaines décennies dépend moins des gaz que nous allons émettre que de ceux que nous avons déjà émis. Cela se traduit par une dispersion plus faible des résultats en fonction des scénarios que pour la température de l'air (graphique p. 117).

L'élévation du niveau des mers en 2100, par rapport aux conditions préindustrielles, ne prend pas en compte une éventuelle fonte partielle des calottes glaciaires des pôles, improbable à cette échéance. Mais on ne peut exclure qu'à plus long terme le réchauffement, associé à la montée des eaux, soit susceptible de fragiliser une partie de l'Antarctique, qui repose sur un socle rocheux sous-marin, et de donner lieu à une évolution catastrophique qui verrait toute une partie de la calotte occidentale (on désigne par ce terme la glace qui recouvre le « doigt » de l'Antarctique remontant vers la Terre de Feu, et une partie de la zone plus continentale à laquelle elle se rattache) glisser plus ou moins brusquement dans l'océan, faisant alors monter le niveau de l'océan d'une hauteur pouvant atteindre 6 mètres.

Une autre évolution possible, à l'échéance de quelques siècles, est la fonte partielle ou totale du

Groenland, qui pourrait ajouter jusqu'à 6 autres mètres de hausse (pour une fonte totale de la calotte).

Ainsi, entre le Groenland et la calotte occidentale de l'Antarctique, c'est une élévation décamétrique qui est en jeu à l'horizon du millénaire. Nous nous situons bien sûr dans le domaine d'hypothèses et de scénarios qui sont délicats à

Contribution possible du Groenland à l'élévation du niveau des mers au cours du IIIe millénaire, en fonction de l'élévation de température à terme au-dessus du Groenland

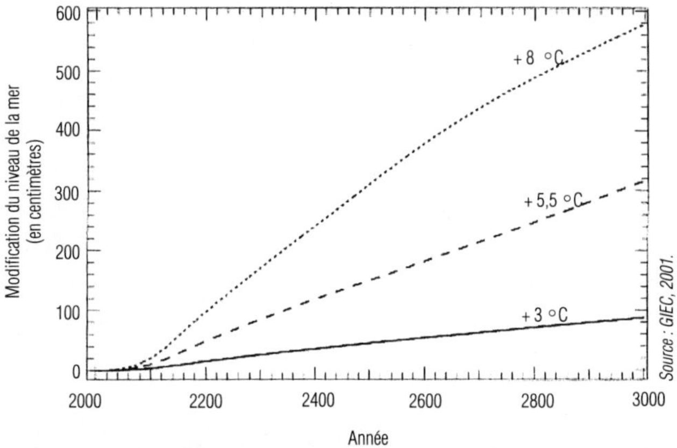

Rappelons que les hautes latitudes connaîtront une élévation de température bien supérieure (entre le double et le triple) à la moyenne, et que, par ailleurs, il est légitime d'estimer que l'augmentation de température en l'an 3000 sera supérieure de plusieurs dizaines de pour-cent au moins à ce qu'elle sera en 2100.

mettre en place car, sur un millénaire, il y a beaucoup d'inconnues en matière de démographie, de développement économique, de découvertes scientifiques. Mais pouvons-nous ignorer complètement ces prévisions, sachant qu'elles poseraient un problème à la quasi-totalité des villes et implantations humaines côtières ?

À plus court terme, tout au long du XXIe siècle, le niveau de la mer s'élèvera, quoi qu'il arrive, de quelques millimètres par an. Cette montée ne se fera pas de manière géographiquement uniforme et pourra être affectée par des mouvements géophysiques (le relèvement de la Scandinavie, consécutif à la fonte des grands glaciers, il y a près de 20 000 ans, se poursuit aujourd'hui encore). Par ailleurs, l'espace littoral n'est pas figé : il se modifie par sédimentation (par exemple des matériaux fluviaux) ou érosion. Les coraux des atolls du Pacifique sont susceptibles de croître et de suivre en partie au moins le niveau des mers si leur vitalité n'est pas altérée par le changement climatique. Quantifier les risques est donc une tâche difficile, même s'il est certain que l'élévation du niveau des mers fragilisera les zones côtières – où vit une population nombreuse – en les rendant par exemple plus exposées à l'action des tempêtes. Cette élévation menacera aussi l'existence même de certaines îles. Là encore, c'est la vitesse du changement, encore difficile à estimer, qui constituera le facteur de danger essentiel, car elle conditionne la capacité d'adaptation des systèmes naturels ou des sociétés.

Les « surprises »

À plusieurs reprises au cours de la dernière ère glaciaire (entre – 120 000 ans et – 20 000 ans), et pour la dernière fois il y a 12 000 ans environ, en pleine déglaciation, la température moyenne de l'ensemble de l'Atlantique Nord (reconstituée par des analyses de sédiments marins) a connu une très brusque baisse, de l'ordre de 5 à 6 °C en quelques décennies. On a qualifié ce phénomène de « surprise climatique », pour traduire le caractère brutal de son évolution.

Les surprises ont très probablement résulté de gigantesques débâcles glaciaires qui, en amenant des quantités massives d'eau douce dans l'océan, ont diminué la salinité des eaux de surface et bloqué la formation d'eaux profondes (voir p. 28). Or, nous l'avons vu, cette plongée des eaux en mers de Norvège ou du Labrador « aspire » les eaux chaudes des tropiques qui, sinon, ne remonteraient pas tant au nord.

Parmi les conséquences prévisibles du changement climatique futur, plusieurs conduisent aussi à diminuer la densité des eaux de surface de l'Atlantique Nord, par réchauffement ou diminution de la salinité : par exemple, l'élévation de la température de surface, en particulier près des pôles, et l'augmentation de la pluviométrie d'ensemble, notamment aux latitudes moyennes. La formation d'eaux profondes risque donc d'être bloquée de nouveau. La plupart des modèles montrent d'ailleurs un ralentissement lent et réversible de la circulation atlantique tout au long du XXIe siècle, conformément à cette analyse. (Pour un petit nombre de modèles, cependant, des effets contraires se développent.) À partir de quand peut-on franchir le seuil qui rendrait ces modifications brutalement plus fortes et irréversibles ? La réponse n'est aujourd'hui pas connue : les modèles utilisés sont encore trop récents, trop peu étudiés pour fournir une réponse crédible. Mais le risque que se produise d'ici un siècle environ une nouvelle « surprise » climatique, dont les répercussions en Europe seraient certainement considérables, ne peut être écarté.

Effet de serre et couche d'ozone

Nous avons vu que l'ozone, gaz à effet de serre, était présent à différentes altitudes et jouait un rôle complexe mais important dans le système climatique, tout en contribuant à protéger la vie. L'activité industrielle a partiellement dégradé l'ozone stratosphérique, et l'on a baptisé « trou d'ozone » un processus de diminution massive qui a lieu au-dessus de la région antarctique pendant le printemps austral. La formation de ce trou requiert entre autres de très basses températures dans la stratosphère au cours de l'hiver, qui permettent l'apparition de nuages de glace stratosphériques polaires jouant le rôle de catalyseurs. Par effet de proximité, ce « trou d'ozone » polaire conduit aussi à une diminution de la concentration d'ozone stratosphérique au-dessus des moyennes latitudes australes.

Or l'augmentation des gaz à effet de serre réchauffe les basses couches de l'atmosphère (la troposphère), mais refroidit au contraire la stratosphère, précisément à l'altitude où se trouve la concentration la plus forte d'ozone. De ce fait, en dépit de la stabilisation des CFC, autre facteur contribuant à la destruction de l'ozone (voir p. 69), les conditions de destruction de l'ozone au-dessus du pôle Sud se voient renforcées. Dans la pire des hypothèses, ces effets pourraient également se manifester de manière significative au-dessus du pôle Nord, évolution que certaines observations récentes rendent plausible. Cette diminution de l'ozone exposerait alors à l'augmentation du rayonnement ultraviolet une population beaucoup plus importante que pour l'hémisphère Sud.

L'eau, les plantes et les animaux

C'est sans doute la disponibilité de l'eau, plus que la température, qui détermine avant tout le type de végétation dans un lieu donné. En conséquence, la fiabilité de tout pronostic concernant l'évolution des écosystèmes dépend largement de celle des prévisions régionales en matière de précipitations, difficiles à établir avec précision. Cette incertitude se répercute de manière plus générale sur la question des ressources en eau, qui commence à devenir pour l'homme un enjeu majeur. Nous nous limiterons ici à évaluer les facteurs de sensibilité de la végétation aux aléas climatiques possibles, qui peuvent concerner le climat moyen, mais aussi sa variabilité, c'est-à-dire l'importance ou la fréquence des écarts par rapport à la moyenne.

La végétation peut tout d'abord souffrir d'un climat de plus en plus sec. Or les différents modèles climatiques indiquent très souvent, en cas de réchauffement global, un déficit possible de précipitations dans les régions subtropicales, aux alentours des latitudes 30° Nord et Sud, où la pluie est déjà peu abondante, ou sur la région méditerranéenne. La végétation des moyennes et hautes latitudes peut à l'inverse souffrir d'un climat devenu plus humide, surtout s'il s'accompagne d'un radoucissement favorisant la prolifération des ravageurs (microbes, champignons, insectes, etc.), qui apprécient généralement ces conditions. Certaines plantes des moyennes latitudes (certaines céréales, certains fruitiers, etc.) ont besoin de la vernalisation (exposition au froid pendant l'hiver) pour pouvoir germer et se reproduire : l'absence d'hivers rigoureux pourrait donc être très préjudiciable à certaines espèces végétales.

Une modification, donc une éventuelle augmentation, de la variabilité peut aussi avoir des effets importants. Elle peut affecter les températures (augmentation des gelées tardives sous nos latitudes ou, au contraire, pics brefs mais intenses de chaleur), les précipitations (moins bien réparties sur l'année) ou le vent (périodes très fortement venteuses ou tempêtes plus fréquentes).

Des épisodes limités de déficit excessif en eau ou de vent trop violent suffisent à rendre un endroit inhospitalier pour une espèce. Diverses études suggèrent que la transition vers un climat plus chaud pourrait être caractérisée par une variabilité climatique plus importante (au moins au niveau des précipitations), mais l'idée ne fait pas encore l'objet d'un consensus.

Autre aspect : la vulnérabilité des espèces végétales, point de départ des chaînes alimentaires, va aussi partiellement conditionner celle des espèces animales qui en dépendent. Bien sûr, le changement climatique ne représente pour les écosystèmes qu'un facteur de pression parmi d'autres, dont les effets seront parfois difficiles à distinguer sans équivoque. Ainsi, 25 % des mammifères, 12 % des oiseaux, 25 % des reptiles, 20 % des amphibiens et 30 % des poissons (essentiellement d'eau douce) sont déjà en danger d'extinction : de telles conditions fragilisent nécessairement ces espèces évoluées face au changement climatique. La fragmentation des habitats sauvages, qui rend périlleuses les migrations vers les zones restées hospitalières, constitue un facteur de vulnérabilité supplémentaire.

L'agriculture présente un cas particulier : elle se caractérise à la fois par une plus grande robustesse, dans la mesure où l'homme peut partiellement remédier à certains problèmes (en irriguant pour pallier un déficit hydrique temporaire, par exemple, ou encore en sélectionnant les espèces, ce qui permet de les adapter à vitesse accélérée), et par une plus grande vulnérabilité, qui tient au fait que les espèces cultivées sont spécifiquement adaptées à des conditions climatiques données. Dès que l'on s'en écarte, les rendements peuvent diminuer très vite.

À l'autre extrémité de la chaîne que nous venons d'évoquer se situe encore et toujours l'homme : comment imaginer que la conjonction éventuelle d'une population atteignant 8 milliards d'individus, d'un environnement fragilisé et d'une hausse de température de plusieurs degrés n'entraînera pas, bien avant la fin du siècle, de nouvelles famines ?

Jusqu'aux poissons...

La vie dans les milieux marins du large dépend de manière cruciale de la présence de courants ascendants, qui remontent en surface certains nutriments nécessaires au développement de la vie : sels minéraux, composés azotés, phosphore, etc. Contenus en abondance dans les couches profondes de l'océan, ces nutriments s'épuisent régulièrement en surface, consommés par le phytoplancton. Ce dernier constitue le point de départ de la chaîne trophique*, au long de laquelle apparaissent des prédateurs de plus en plus importants (jusqu'aux mammifères marins).

Une modification des courants convectifs – dont nous avons vu qu'elle est parfaitement possible – peut donc menacer l'activité biologique dans l'océan. C'est ce qui se produit régulièrement au large du Pérou dans le cadre du phénomène El Niño : l'arrêt temporaire des remontées d'eaux froides le long des côtes de l'Amérique du Sud diminue soudainement la faune, phénomène d'autant plus dramatique qu'il s'agit de l'une des premières zones de pêche au monde, contenant des espèces déjà fragilisées. À très long terme, le changement climatique pourrait modifier de manière irréversible la circulation océanique profonde et les courants convectifs qui lui sont liés. C'est alors la vie dans les milieux du large qui pourrait être affectée.

La santé des hommes

Notre santé est étroitement liée à la présence d'un environnement propice : comment la préserver si nous ne disposons plus de nourriture en quantité suffisante, si des produits toxiques se disséminent ou si un stress intense développe la consommation de drogues ou d'alcool ? Un changement climatique ou environnemental est donc susceptible d'agir indirectement sur notre santé, et ce de manière très variée. Dans deux types de situation, cependant, le réchauffement global peut avoir un rôle plus direct. Le premier concerne l'augmentation de la mortalité, conséquence possible d'une élévation des températures. Actuellement, sous nos latitudes, on meurt deux fois plus en hiver qu'en été, avec un tout petit pic secondaire en juillet et en août, dû aux fortes chaleurs. Un réchauffement de quelques degrés pourrait déplacer le maximum annuel de la mortalité vers l'été[1] sans qu'une baisse hivernale compense nécessairement la hausse estivale. Autre conséquence assez directe d'une élévation des températures : l'augmentation des maladies à vecteur, maladies où l'agent pathogène, souvent un parasite, est véhiculé par un animal, généralement un insecte ; c'est ainsi que se transmettent le paludisme, la fièvre jaune, la fièvre de la vallée du Rift, la dengue, etc. Le réchauffement peut agir de diverses manières : la durée de maturation de l'agent pathogène devient plus rapide, et le vecteur peut se trouver adapté à des aires géographiques qui lui étaient auparavant inhospitalières, ce qui pourrait provoquer, par exemple, une remontée

1. L'épisode caniculaire de l'été 2003 en Europe offre une illustration de ce risque.

vers le nord ou en altitude des zones endémiques de paludisme.

Autre effet potentiel, d'ordre plus général : on peut craindre qu'un réchauffement moyen ne favorise l'aptitude de micro-organismes pathogènes à muter souvent et à se développer rapidement, ce qui contribuerait à accroître les risques sanitaires. Toutefois, cette évolution n'est pas aisément distinguable de la mutabilité naturelle des micro-organismes.

Déterminer avec précision l'impact de ces évolutions sur le taux de mortalité est impossible, tant les effets d'une agression externe sur la santé dépendent d'un grand nombre d'autres facteurs : degré de préparation de la population,

Potentiel épidémique du paludisme en fonction de la température

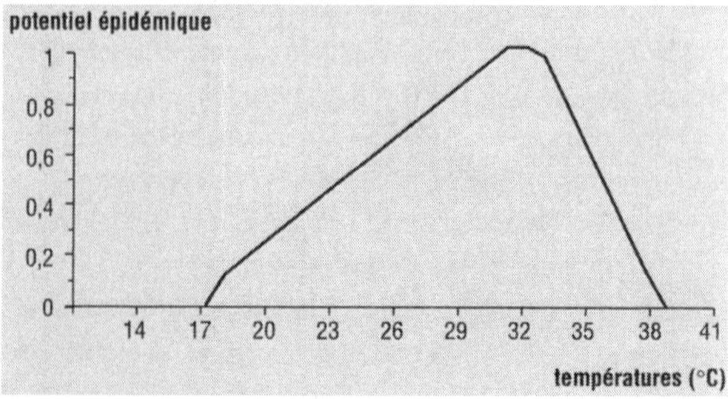

Source : J.-P. Besancenot, La Jaune et la rouge, mai 2000.

Par convention, le maximum vaut 1.

disponibilité et efficacité des moyens sanitaires, proportion de la population habitant en ville (où les vagues de chaleur exacerbent les effets de la pollution locale et où la dissémination des agents pathogènes est plus rapide), augmentation de l'âge moyen de la population, nombre croissant de voyages lointains, qui favorisent aussi la vitesse et l'amplitude des contaminations, affaiblissement éventuel de l'organisme par des pollutions de fond, etc.

La perturbation du cycle du carbone

Jusqu'à une époque très récente, les simulations climatiques ont été effectuées sans tenir compte de l'influence continue que la modification progressive du climat exerce sur les échanges de carbone entre l'atmosphère et les autres compartiments de la planète (les sols, l'océan, la végétation), c'est-à-dire sur le cycle du carbone.

Les échanges entre l'atmosphère et l'océan d'une part, et entre l'atmosphère, la végétation et les sols d'autre part contribuent ainsi à retirer une part du CO_2 injecté par l'homme dans l'atmosphère (la moitié environ des émissions anthropiques), et donc à modérer l'augmentation du CO_2 dans l'air. Actuellement, l'atmosphère s'enrichit en gaz carbonique, le principal gaz à effet de serre, parce que cette capacité d'épuration naturelle de l'air est insuffisante pour compenser totalement nos émissions. Elle joue néanmoins un rôle déterminant aujourd'hui, en évitant une évolution trop rapide.

Or des simulations récentes, effectuées en France et en Grande-Bretagne, suggèrent que, dans un climat qui aurait commencé à se modifier, la capacité d'épuration de l'atmosphère s'affaiblirait. Concernant l'océan, l'affaiblissement viendrait du fait que les eaux chaudes et légères, confinées à la surface des océans et pauvres en nutriments, donc en végétation marine, sont moins aptes à dissoudre le CO_2 que des eaux plus froides. Quant à la végétation et aux sols, l'affaiblissement résulterait d'une croissance ralentie des plantes – malgré l'augmentation de la teneur en CO_2, qui est pourtant un facteur positif –, sous l'effet d'un stress hydrique résultant de températures et d'évaporation excessives, une décomposition accélérée de l'humus des sols intervenant également. Ces effets pourraient se révéler particulièrement intenses dans les régions tropicales…

Si le changement climatique provoque la mortalité d'une part importante de la végétation continentale, les sols continentaux, au lieu de

Flux annuels et stocks de composés carbonés, en milliards de tonnes de carbone

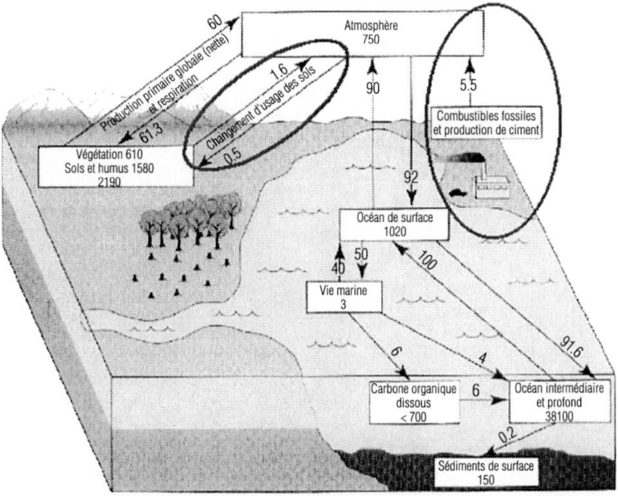

Source : GIEC, 2001.

Les échanges entre l'atmosphère et les autres compartiments se font essentiellement sous forme de CO_2, les autres formes (CH_4, hydrocarbures, etc.) étant négligeables en poids. Les flux engendrés par l'activité humaine sont entourés. Ce sont ces flux qui sont à l'origine d'un enrichissement de l'atmosphère en CO_2.

soustraire du CO_2 à l'atmosphère, pourraient au contraire en rajouter. Cet effet de déstockage du carbone des sols pourrait même contrebalancer les phénomènes de photosynthèse et de dissolution résiduelle dans l'océan. L'accumulation de CO_2 dans l'atmosphère s'accélérerait, ainsi

Évolution du contenu en carbone de la végétation et des sols dans une simulation couplant climat et cycle du carbone

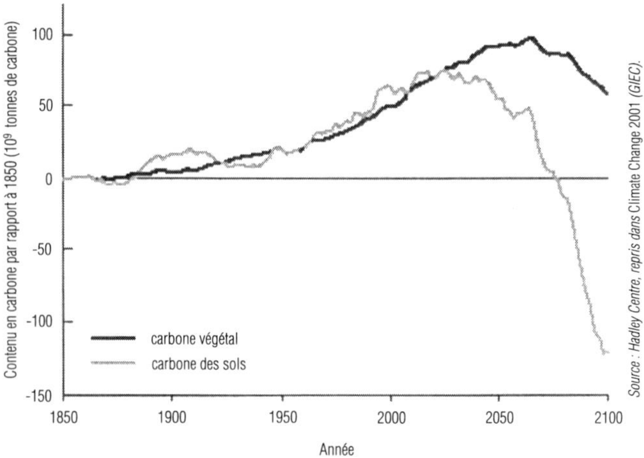

Le scénario d'émission pris comme référence aboutit à une concentration en CO_2 de 720 ppmv en 2100 sans prise en compte de l'effet additionnel des sols. Cette simulation conclut à un déstockage massif des sols et un déstockage plus limité de la végétation, à partir de 2050. L'expérience parallèle réalisée en France à l'IPSL conduit à un résultat moins dramatique, car elle ne prévoit pas le même déstockage massif de matière organique : mais la perte d'efficacité des puits de carbone n'en est pas moins suffisante pour amplifier le taux de CO_2, et donc le réchauffement.

qu'une hausse des températures dont nul ne sait vraiment où elle pourrait s'arrêter.

Les deux modèles qui ont été utilisés pour tester cette hypothèse prévoient de fait une augmentation supplémentaire du CO_2 atmosphérique en 2100, avec une valeur de 780 ppm au lieu de 700 ppm sans prise en compte de l'effet du climat sur le cycle du carbone pour le modèle de l'Institut Pierre Simon Laplace, ou IPSL, et de 980 ppm pour le modèle du Hadley Centre. Le réchauffement global est augmenté de 0,8 °C dans le premier cas et de plus de 3 °C dans le second, par rapport à une valeur de 4 °C environ obtenue avec une simulation ne couplant pas le climat et le cycle du carbone.

La différence entre ces deux chiffres montre bien qu'il s'agit là de problèmes scientifiques qui ne sont pas encore bien maîtrisés : comment ne pas être malgré tout sensible au message d'alerte qu'ils contiennent ?

Après le CO_2, le CH_4

Parmi les autres rétroactions qui pourraient amplifier de manière considérable un changement climatique, l'une des plus difficiles à évaluer concerne le méthane, troisième gaz à effet de serre par ordre d'importance du forçage radiatif. Il existe en effet de gros stocks de méthane sur Terre, qui sont pour le moment retenus prisonniers dans les sols, du fait des conditions géologiques ou climatiques actuelles, mais dont une partie pourrait éventuellement s'échapper à la faveur d'une modification climatique. Il s'agit du méthane stocké, sous forme d'hydrate (un cristal d'eau et de méthane), dans les sols gelés en permanence des hautes latitudes Nord (les permafrosts de Russie et du Canada). Or nous avons vu que plus nous irons vers le nord, plus l'élévation de température sera, en règle générale, prononcée. Il est donc possible qu'une fraction significative des sols gelés en permanence se réchauffe et se transforme en vastes marécages, libérant le méthane qu'ils contiennent.

Il n'existe pas, pour le moment, de quantification fiable des stocks d'hydrate de méthane contenus dans les permafrosts, de sorte qu'il est impossible de quantifier l'élévation supplémentaire de température qui pourrait résulter de cette rétroaction. Les données paléoclimatiques ne révèlent pas non plus d'augmentation brutale du méthane dans l'atmosphère au moment des déglaciations, ce qui entretient un doute quant à l'importance réelle de ce processus. Mais, comme une partie du permafrost susceptible de dégeler dans les décennies qui viennent n'a en fait jamais dégelé tout au long du quaternaire, les leçons du passé ne sont pas complètement pertinentes. Il s'agit donc d'un autre effet amplificateur possible, très peu étudié, qui n'est pas pris en compte non plus dans les simulations climatiques qui ont alimenté la littérature scientifique récente.

Il existe également de gros stocks d'hydrates de méthane sur les talus continentaux (sous les océans). À l'horizon du siècle, ils devraient rester stables, car une élévation de température en surface ne se répercutera pas de manière significative à quelques centaines de mètres de profondeur. Mais la question de la stabilité de ces hydrates – qui seraient présents en quantités considérables – se posera probablement pour les siècles suivants.

Une humanité de quelques milliards d'individus

Depuis l'apparition de notre espèce, pendant les quelques centaines de milliers d'années durant lesquelles vécurent aussi nos cousins les Néandertaliens, le climat a connu d'importants changements, qui ont modifié notre environnement. L'espèce humaine a survécu à de multiples glaciations : en quoi le problème actuel serait-il plus redoutable ? Il y a une différence majeure : nous sommes désormais 6 milliards d'humains, et le partage de notre planète pose des problèmes beaucoup plus aigus qu'auparavant. Nous n'étions encore que quelques millions d'*Homo sapiens* au début du néolithique, il y a 7 000 ans environ ; en cas de diminution des ressources locales, l'homme chasseur-cueilleur pouvait facilement se déplacer : il n'abandonnait derrière lui ni maisons, ni routes, ni champs, ni usines, et pouvait envisager de s'installer ailleurs sans déranger personne. Rien de tout cela n'est désormais possible. Nous avons adapté nos environnements proches à nos souhaits de vie, et partir pour tout reconstruire ailleurs s'accompagne souvent de lourdes pertes. En outre, investir de nouveaux lieux où les conditions de vie seraient meilleures implique nécessairement, aujourd'hui, de déranger des populations déjà installées.

Or le changement climatique ne peut qu'engendrer un déplacement des zones où il fait bon vivre. Il redistribuera à brève échéance les cartes entre gagnants et perdants, et porte en germe le risque de renforcer les tensions entre les États ou les peuples. Que se passera-t-il si un pays décide que les souffrances qu'il subit sont excessives et en impute la responsabilité à tel groupe de pays occidentaux ? Que se passera-t-il si deux pays autrefois logés à la même enseigne connaissent des évolutions fortement divergentes ? Il ne s'agit pas de jouer les Cassandre, mais de prendre conscience qu'un dérèglement climatique ajouterait un facteur de tension supplémentaire dans un monde déjà conflictuel.

QUI ÉMET DES GAZ À EFFET DE SERRE ?

Le pouvoir de réchauffement global (PRG), une unité indispensable mais ambiguë

S'il n'existait qu'un seul gaz à effet de serre, définir une unité de mesure des émissions ne poserait aucun problème. Supposons que seules nos émissions de CO_2 aient une influence sur le climat : le poids de ce gaz émis représenterait une mesure parfaite. Mais comment mesurer, avec une même unité, des émissions de CO_2, de méthane, de protoxyde d'azote et d'halocarbures*, tous ces gaz ne possédant ni la même durée de vie ni la même aptitude à absorber les infrarouges ? Un étalon de mesure est pourtant indispensable pour envisager une action de prévention, quelle qu'elle soit : comment bâtir un plan de réduction si nous ne pouvons comparer les effets des émissions des divers gaz ?

Cette comparaison doit associer des facteurs multiples. L'effet de serre additionnel engendré par le largage d'une quantité donnée de gaz dans l'atmosphère dépend des propriétés intrinsèques du gaz (aptitude à absorber les infrarouges), mais aussi de sa concentration atmosphérique préexistante (effets de saturation), de la concentration préexistante des autres gaz à effet de serre qui agissent sur les mêmes infrarouges terrestres, et enfin de l'évolution climatique future, qui affecte en retour la vitesse d'élimination du gaz (comme nous l'avons vu p. 131 pour le cycle du carbone). Un étalon, nécessairement imprécis, a été proposé, et pour l'instant retenu : le « pouvoir de réchauffement global », ou PRG, dont le principe est de donner l'impact radiatif lié à l'émission d'un volume donné de gaz. Pour un gaz donné, le PRG est défini comme le facteur par lequel il faut multiplier ses émissions (en masse) pour obtenir la masse de CO_2 qui produirait un impact équivalent. L'effet des perturbations respectives du gaz considéré et du CO_2 qui sert d'étalon est cumulé sur une durée de référence, le plus souvent un siècle. Lorsqu'on dit que le PRG à cent ans du méthane est de 23, cela signifie que le largage (instantané) dans l'atmosphère de 1 kilo de ce gaz produira sensiblement le même effet sur le climat, au bout d'un siècle, que le largage (instantané lui aussi) de 23 kilos de dioxyde de carbone. Ainsi, par définition, le PRG du CO_2 vaut 1.

Le PRG est donc un « équivalent CO_2 », et il permet de définir une autre unité souvent plus utilisée : l'« équivalent carbone ». Celui-ci vaut par définition le PRG relatif à cent ans multiplié par 12/44 (qui est le rapport entre le poids d'une molécule de carbone et celui d'une molécule de CO_2).

Cette mesure prend une signification particulièrement simple pour les combustibles fossiles qui produisent du CO_2, puisqu'elle représente alors précisément leur masse de carbone. Ainsi, la combustion parfaite d'une tonne de carbone correspond bien à l'émission d'une « tonne équivalent carbone » de CO_2, et les émissions de tous les autres gaz, même ceux qui ne contiennent pas de carbone, peuvent aussi être estimées en « équivalent carbone ». Le milliard de tonnes (gigatonnes) d'équivalent carbone, que l'on abrège en Gt de carbone quand il n'y a pas d'ambiguïté sur le fait que les seules émissions de CO_2 sont prises en compte, constitue l'unité de référence de cet ouvrage. Tout gaz à effet de serre ayant un PRG, donc un équivalent carbone, c'est cette unité que nous utiliserons pour quantifier les émissions.

**Pouvoir de réchauffement global (PRG)
et équivalent carbone des principaux gaz à effet de serre**

Gaz	Formule	PRG relatif à cent ans	Équivalent carbone de 1 kilo de gaz
Dioxyde de carbone	CO_2	1	0,273
Méthane	CH_4	23	6,27
Protoxyde d'azote	N_2O	296	81
Perfluorocarbures	C_nF_{2n+2}	5 700 à 11 900	1 555 à 3 245
Hydrofluorocarbures	$C_nH_mF_p$	12 à 12 000	3,3 à 3 273
Hexafluorure de soufre	SF_6	22 200	6 055

Source : GIEC, 2001.

tableau 2

Si l'on considère l'impact sur le climat au bout d'un siècle, l'émission de 1 kilo de méthane est à peu près équivalente à l'émission de 23 kilos de dioxyde de carbone.

La mesure directe des émissions est impossible

Les émissions anthropiques de gaz à effet de serre proviennent d'innombrables sources, très diffuses, que nous sommes dans l'incapacité de mesurer séparément. Apprécier avec précision les émissions du transport routier nécessiterait l'installation d'un capteur derrière chaque pot d'échappement, mesurant les quantités émises pour chaque gaz (CO_2, oxydes d'azote, hydrocarbures non brûlés, etc.). Mieux encore, mesurer précisément les émissions de l'agriculture exigerait que l'on place chaque champ ou chaque vache sous cloche, afin de recueillir leurs émanations de protoxyde d'azote ou de méthane, etc. Cette perspective est bien évidemment irréalisable.

On procède donc de manière indirecte, en examinant les processus chimiques (combustion, fermentation, etc.) ou physiques (déforestation, par exemple) qui sont à l'origine des émissions, et en mesurant les quantités des précurseurs en cause. Ainsi, le gaz naturel est composé de méthane (CH_4), au sein duquel le poids relatif de carbone est de 12/16. Dans 1 tonne de gaz naturel se trouvent environ 750 kilos de carbone : la combustion dégagera donc 750 kilos d'équivalent carbone sous forme de CO_2. Il est ainsi assez facile de déduire les émissions qui seront directement engendrées par la combustion des combustibles fossiles. Malgré les impuretés ou la combustion toujours imparfaite, l'analyse de la composition chimique d'un combustible permet d'obtenir assez précisément l'émission de gaz à effet de serre découlant de son emploi dans des conditions usuelles.

Cette première information permet de calculer une partie des émissions des pays, tout simplement en regardant la quantité de pétrole, de gaz et de charbon qu'ils consomment. Cette part est dominante dans les pays industrialisés :

en France, 70 % de nos émissions mesurées en équivalent carbone sont le fait de notre consommation de combustibles fossiles (pétrole, charbon, etc.).

Émissions de gaz à effet de serre par poids de combustible

Gaz naturel	799
Charbon	660
Coke de lignite	710
Essence	870
Pétrole	855
Fioul lourd, diesel, fioul domestique	850
GPL	805
Kérosène	859
Bitume	875
Lubrifiants usagés	804

Source : Programme des Nations unies pour l'environnement.

tableau 3

Attention ! À poids égal, chaque combustible ne fournit pas la même quantité d'énergie.

Mais il existe d'autres processus industriels ou agricoles qui émettent des gaz à effet de serre : la production de ciment, durant laquelle on extrait le carbone du carbonate de calcium, carbone ensuite rejeté dans l'atmosphère sous forme de CO_2 ; certains procédés industriels (production d'aluminium, fabrication de semi-conducteurs, de mousses synthétiques, de transformateurs haute tension, etc.), qui engendrent des émissions d'halocarbures, gaz à effet de serre très puissants ; les activités agricoles, qui émettent du méthane et du protoxyde d'azote. Le méthane est issu des fermentations anaérobies, qui se produisent notamment dans la panse des ruminants et dans les rizières. Le protoxyde d'azote provient essentiellement des engrais. D'une manière plus générale, les émissions naturelles ou anthropiques de protoxyde d'azote sont liées à la décomposition de composés azotés – apportés dans les engrais ou de manière naturelle – par l'activité microbienne du sol. En France, avec ces seuls gaz, l'agriculture émet environ 20 % du total national des émissions de gaz à effet de serre. Dans les pays en voie de développement, le défrichage des forêts entraîne aussi des émissions significatives de CO_2 : d'une part, en brûlant le bois coupé, d'autre part, parce que les sols des forêts, souvent transformés en sols agricoles, larguent du CO_2, comme nous allons le voir.

Répartition du pouvoir de réchauffement global des émissions de la France en 2001 par nature de gaz et en tenant compte des puits

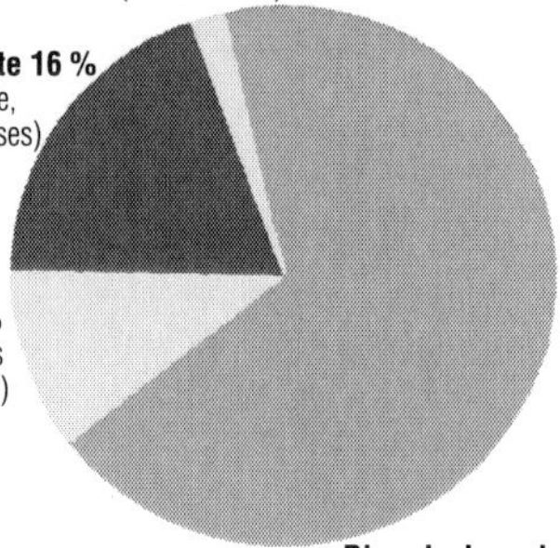

Source : CITEPA.

Les puits de carbone peuvent-ils compenser les émissions ?

Une comptabilité fidèle des émissions de gaz à effet de serre doit non seulement tenir compte des émissions, mais aussi des séquestrations, c'est-à-dire des phénomènes par lesquels un gaz à effet de serre présent dans l'atmosphère en est éliminé. Lorsqu'il s'agit de CO_2, ces séquestrations portent le nom de puits de carbone.

L'exemple le plus connu est celui de la végétation : la photosynthèse conduit à soustraire du CO_2 de l'atmosphère. La gestion forestière est ainsi à l'origine de l'essentiel des valeurs comptabilisées au titre des puits dans les pays développés : si un arbre coupé est utilisé en bois d'œuvre (charpente, meubles, etc.), et qu'un autre arbre pousse à sa place, il y aura moins de carbone dans l'atmosphère. En France, la gestion des forêts représente, pour le moment, un puits de l'ordre de 25 % des émissions nationales.

Autre puits de carbone parfois pris en compte : l'accroissement des surfaces forestières. Mais ce bilan-là doit être effectué avec soin. En effet, la majorité du carbone d'un écosystème (biome*) ne réside pas dans les parties aériennes des plantes (arbres compris), mais dans le sol (de 50 à 90 % du total, selon le type de végétation), sous forme de racines, de matière organique issue de la décomposition des feuilles et arbres morts (l'humus) et des organismes vivants (microbes, champignons ou vers de terre) qui se nourrissent de ces détritus.

Sous nos latitudes, le stock de carbone contenu dans un hectare de forêts, si l'on additionne la végétation et les sols, est équivalent à celui d'un hectare de prairie : à terme, convertir une prairie en forêt ne constituera donc pas un puits. Il convient de manier ces estimations avec précaution : du fait des particularités locales, la

Stock de carbone à l'hectare par type de végétation

Biome	Tonnes de carbone par hectare			Pourcentage dans le sol
	Végétation	Sol	Total	
Forêts tropicales	120,4	122,6	243	50,5
Forêts tempérées	56,8	96,2	153	62,9
Forêts boréales	64,2	343,8	408	84,3
Savanes tropicales	29,2	116,8	146	80
Prairies tempérées	7,2	235,8	243	97
Déserts – semi-déserts	1,8	42,2	44	96
Toundra	6,3	127,7	134	95,3
Zones humides (marécages, marais, etc.)	42,9	643,1	686	93,8
Terres cultivées	1,9	80,1	82	97,7

Source : ECOFOR.

tableau 4

mesure des puits de carbone associés à la végétation reste un exercice malaisé. Des méthodes indirectes, utilisant un bilan de carbone de l'atmosphère, sont souvent utilisées à l'échelle régionale. Elles tirent parti de réseaux de mesure qui se développent, ou de données satellitaires, mais leur résultat encore incertain a suscité des controverses. Cette difficulté à estimer les puits de carbone a une influence significative sur l'estimation des émissions par pays et a beaucoup perturbé les négociations internationales.

Tous les pays sont-ils égaux ?

Du fait de l'impossibilité de mesurer directement les émissions, la quantification par pays ou secteur précis ne pourra le plus souvent être effectuée que par le biais d'un assemblage de mesures, de calculs et d'estimations qui restent des valeurs approximatives. Les chiffres communément avancés reposent néanmoins sur quelques bases que l'on peut tenir pour fiables : les émissions liées aux combustibles fossiles sont bien connues (à 10 % près) à partir des statistiques disponibles ; les surfaces de forêts défrichées sont désormais connues avec une précision acceptable *via* les observations par satellite ; un ordre de grandeur des émissions d'origine agricole peut être obtenu à partir de la taille des cheptels ou des surfaces cultivées, à laquelle s'ajoutent des mesures ou expérimentations locales plus précises ; enfin, les émissions de gaz industriels hors CO_2 sont assez bien connues, car généralement concentrées sur un faible nombre de sites ou de procédés émetteurs.

Prenons à présent l'exemple du CO_2 découlant des combustibles fossiles, dont la mesure est assez fiable. Comment se comparent les émissions par pays ?

Les États-Unis sont de très loin le premier émetteur mondial, suivis aujourd'hui par la Chine et (presque à niveau égal) par l'Union européenne, bien que leur dynamique de croissance soit fort différente.

Il est indispensable de compléter cette présentation des choses par une approche des émissions par habitant. Les États-Unis occupent à nouveau l'une des premières places : 6 tonnes équivalent carbone par personne et par an, quand un habitant des pays de l'OCDE en émet en moyenne 3, et un Français 2. La moyenne mondiale est de 1 tonne d'équivalent carbone par habitant et par an, moyenne dont la Chine n'est plus très éloignée.

Si le mode de vie et de production des Américains était généralisé aux 6 milliards d'habitants de la planète, les émissions de CO_2 d'origine fossile seraient multipliées par 6 et culmineraient à plus de 35 Gt par an. Si l'on prend pour référence le niveau d'émission actuel des Européens, cela nous conduirait « seulement » à une multiplication par 3. Si la population mondiale passait à 10 milliards d'habitants, comme certains scénarios démographiques le laissent entendre, la généralisation du niveau de vie des Américains à l'ensemble des habitants de la Terre conduirait, toutes choses égales par ailleurs, à plus de 60 Gt

Émissions annuelles de CO_2 fossile depuis 1860

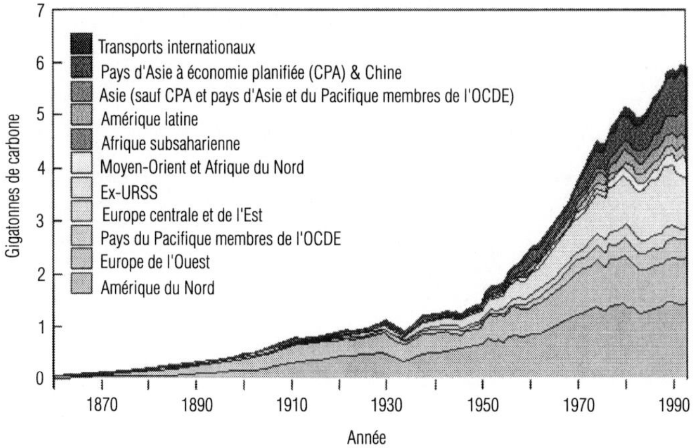

Source : GIEC, 1998.

Émissions nettes de CO_2 par habitant en 1998 (en tonnes équivalent carbone)

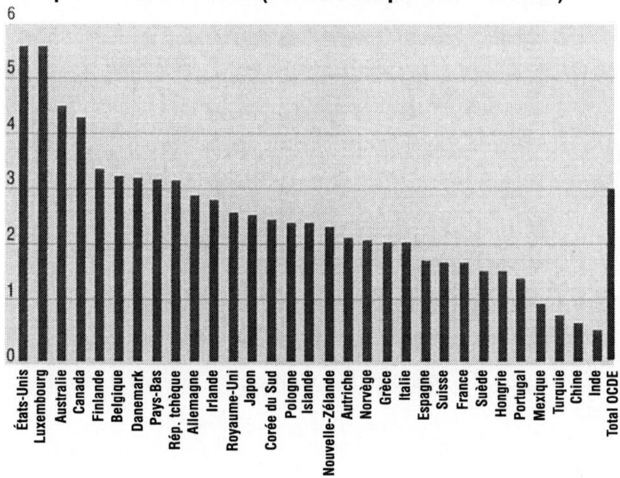

Source : UNFCCC, Observatoire de l'énergie.

d'émissions par an, soit 10 fois plus que maintenant. Cette hypothèse correspond à une situation où la population mondiale disposerait, à peu de chose près, d'une maison chauffée et climatisée par foyer, d'une voiture par personne en âge de conduire, de biens de consommation (appareils électroménagers notamment) en abondance et consommerait de 100 à 150 kilos de viande par personne et par an.

Toutes nos activités sont-elles en cause ?

Les émissions sont généralement regroupées en cinq grandes catégories : l'industrie, la production d'électricité, les transports, le chauffage et le reste. Il est habituel de ne comparer ces activités que pour leurs émissions de CO_2, qui représentent de 70 à 75 % des émissions des pays développés. Ce pourcentage est inférieur dans les pays moins riches, où les émissions d'origine agricole – essentiellement composées de méthane et de protoxyde d'azote – sont proportionnellement plus importantes [1]. Les émissions de CO_2 fossile croissent plus vite avec la

1. En Ukraine, par exemple, les émissions de méthane et celles de CO_2 sont équivalentes.

Émissions par activité en France, en 2001, tous gaz à effet de serre pris en compte

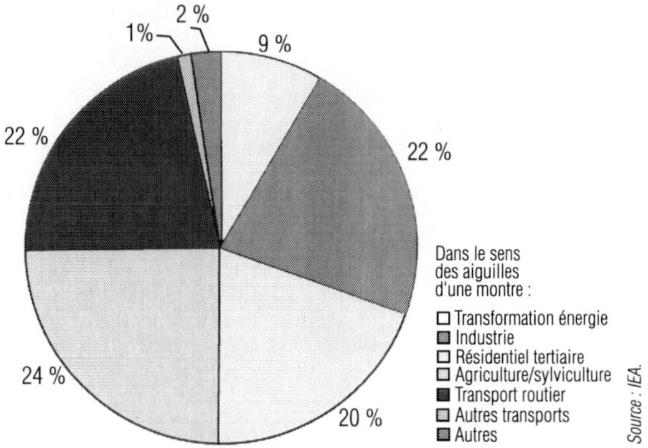

Répartition des émissions de CO_2 fossile par activité en 2000

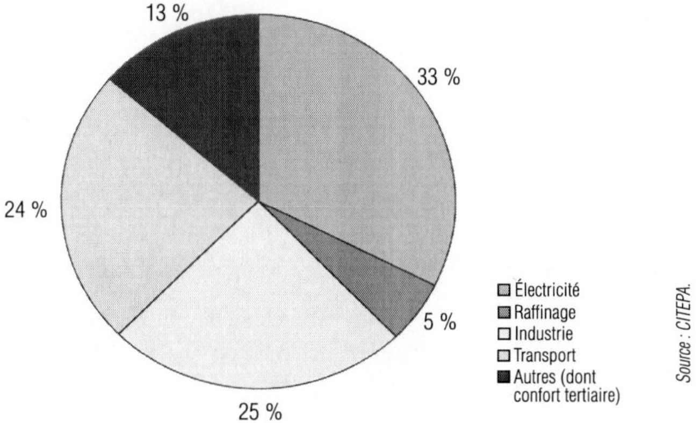

richesse, du fait de la consommation d'énergie, que les émissions agricoles.

Le premier contributeur aux émissions de CO_2 fossile est la « production » d'énergie (terme impropre : une centrale ne fait que convertir une énergie thermique ou mécanique en énergie électrique), qui recouvre en fait deux sources. Une petite partie des émissions est due à l'extraction, au transport et au raffinage des combustibles fossiles (10 à 20 % de l'énergie extraite des puits de pétrole « part en fumée » au cours de ces processus). L'essentiel provient de la production d'électricité, dont 75 % sont réalisés à partir de combustibles fossiles dans le monde (le charbon pour environ 50 %).

De ce fait, les pays qui utilisent le plus les modes de production d'électricité non émetteurs de CO_2 (essentiellement l'énergie nucléaire et l'hydraulique) ont des émissions par habitant significativement plus faibles que les autres (Suisse, Suède, France). L'éolien et le solaire sont aujourd'hui totalement marginaux dans le bilan énergétique mondial (beaucoup moins de 1 %). Même le Danemark, champion mondial de l'éolien, ne produit que 1 à 2 % de son énergie finale totale par ce moyen. Dans le cas de la France, c'est précisément la faible part des combustibles fossiles dans la production d'électricité qui donne une répartition des émissions par activité fort différente du reste du monde.

Les émissions de CO_2 provenant du poste « industrie », deuxième par ordre d'importance au niveau mondial, correspondent pour plus des trois quarts à la production de matériaux de base (acier, verre, plastique, etc.), procédés très gourmands en énergie. À la quatrième place se trouve le poste « résidentiel et tertiaire », correspondant au confort des bâtiments (d'habitation, commerciaux et industriels), pour l'essentiel au chauffage, mais aussi à la climatisation, à la production d'eau chaude sanitaire, etc.

Mais pourquoi les transports ne viennent-ils qu'en troisième position (24 % du total), alors que ce poste est souvent présenté comme essentiel ? De fait, les émissions directes des véhicules ne représentent que 24 %, mais, si l'on réintègre dans le bilan les émissions liées à l'extraction, à la production de carburant (plus de 50 % du pétrole extrait sert aux transports) et à la fabrication des véhicules, le total avoisine alors plus probablement 30 %. Il convient en outre de noter que les transports font l'objet de la croissance la plus forte : pour 1 % de croissance économique dans le monde, on observe généralement une croissance du trafic (personnes et marchandises) d'environ 2 % (plus encore pour le transport aérien). Les transports aérien et maritime internationaux ne sont pas pris en compte dans les inventaires nationaux, aucune convention n'ayant été choisie pour le pays auquel il convient d'affecter les émissions. S'il ne représente que 3 % environ des émissions mondiales actuelles, le transport aérien est celui qui engendre les plus fortes émissions par kilomètre parcouru et par passager, et il augmente rapidement. En prolongeant les tendances actuelles, le GIEC conclut que les émissions du transport aérien international pourraient représenter jusqu'à 40 % des émissions mondiales dans quelques dizaines d'années.

Zoom sur la France : que recouvrent nos émissions ?

Pour attribuer de manière précise un « contenu en équivalent carbone » aux produits ou services que nous consommons ou utilisons, il faudrait pouvoir décomposer toutes les étapes de leur élaboration, inclure une contribution pour la production des matériaux, une autre pour la construction de l'usine ou des bureaux, pour le transport jusqu'au magasin, l'emballage qui sera jeté, etc., et comptabiliser tous les gaz à effet de serre qui interviennent à chaque étape. Cet exercice, pour lequel l'ADEME a mis au point une méthode baptisée « bilan carbone », étant encore très peu pratiqué, les données que nous rapportons expriment des ordres de grandeur valables uniquement pour la France. Les particularités nationales, notamment la part dominante du nucléaire dans la production d'électricité, conduisent à des résultats qui ne peuvent pas toujours être extrapolés à d'autres pays.

Rappelons que l'émission moyenne d'un Français était de 2,2 tonnes d'équivalent carbone par an en 2001 (tous gaz et puits considérés) et de 2,8 tonnes si l'on ne tient pas compte des puits. Tous gaz additionnés, la première source en France est l'agriculture, dont l'essentiel des émissions résulte directement ou indirectement de l'élevage.

Commençons par les végétaux : produire une tonne de blé revient à émettre environ 80 kilos d'équivalent carbone, qui provient du protoxyde d'azote émis par les sols après épandage des engrais, de la fabrication de ces mêmes engrais et pesticides (l'agrochimie représente 40 % du total), de l'essence du tracteur, et même de la construction des hangars et silos ! Passons à la viande : produire 1 tonne de carcasse de bœuf (la carcasse est la totalité de la viande avec os) engendre l'émission d'environ 4 tonnes d'équivalent carbone provenant de la fermentation entérique de l'animal qui dégage du méthane, des 50 tonnes de végétaux qu'il a fallu cultiver et/ou fertiliser (la majorité des animaux d'élevage sont alimentés avec des céréales et fourrages cultivés et des prairies fertilisées), sans oublier les émissions liées à la mère quand l'animal était encore un veau. Ce type de raisonnement permet d'attribuer à 1 tonne de volaille (vidée) entre 0,5 tonne d'équivalent carbone (dans le cas du poulet industriel) et 2 tonnes (volaille fermière de bonne qualité).

La deuxième source de gaz à effet de serre en France est constituée par les émissions directes des procédés industriels, dont la fabrication des matériaux de base représente l'essentiel. En ordre de grandeur, un produit manufacturé « vaudra » une ou deux fois son poids en émissions de gaz à effet de serre exprimées en équivalent carbone. Plus les matériaux sont économiquement coûteux à produire, plus les émissions par unité de poids sont importantes. En troisième position, nous trouvons les émissions du chauffage domestique : 3 000 litres de fioul servant à chauffer une maison pendant un an

Émissions de gaz à effet de serre en France en 1990 et en 1998 par usage (en millions de tonnes équivalent carbone)

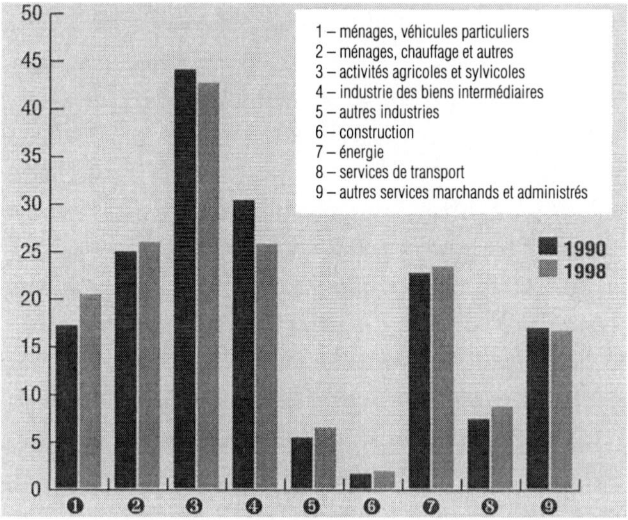

Sources : IFEN & CITEP.

Tous les gaz sont pris en compte, pas les puits.

engendrent 2,2 tonnes d'équivalent carbone. Le gaz naturel, pour assurer un même confort thermique, permet de descendre à 1,5 tonne : c'est l'hydrocarbure le moins riche en carbone. Quant à l'électricité, nous avons vu que tout dépendait de son mode de production. Sur une base de consommation de 4 000 kWh par mois, nous émettrons en moyenne 0,4 tonne d'équivalent carbone en France, en Suède ou en Suisse (où l'électricité est essentiellement nucléaire et hydroélectrique), près de 3 tonnes en Grande-Bretagne (30 % de nucléaire) et plus de 4 tonnes au Danemark (où l'électricité est essentiellement produite à base de charbon, l'éolien ne fournissant qu'un peu plus de 10 %).

Immédiatement derrière l'agriculture, les procédés industriels et le chauffage domestique viennent les émissions liées aux déplacements en voiture. En réintégrant les émissions des raffineries aux chiffres du graphique, un déplacement annuel de 10 000 kilomètres (une automobile parcourt 15 000 kilomètres en moyenne annuelle) engendrera des émissions d'environ 0,65 tonne d'équivalent carbone pour une petite voiture roulant à la campagne (sans embouteillages) ; et jusqu'à 3,5 tonnes d'équivalent carbone pour une grosse voiture en ville (avec embouteillages).

Les autres déplacements sont source d'émissions très variables. Pour 10 000 kilomètres, les émissions seront de l'ordre de 0,02 tonne (France) à 0,2 tonne (Grande-Bretagne) d'équivalent carbone par personne voyageant en RER ou en train (ce chiffre varie selon que les rames fonctionnent au diesel ou à l'électricité et selon le mode de production de cette dernière) ; elles seront d'environ 1 tonne d'équivalent carbone par personne voyageant en avion court-courrier

(50 fois plus qu'en train en France) ; d'environ 0,6 tonne d'équivalent carbone par personne voyageant sur long-courrier, et de 0 à vélo – le surcroît de respiration et d'alimentation nécessaires au cycliste n'induit pas d'émissions significatives.

En cinquième position – la quatrième sur le graphique –, nous trouvons le secteur de l'énergie : les émissions proviennent, pour l'essentiel, des centrales électriques à charbon et au fioul que l'on met en route l'hiver, et minoritairement des raffineries. En sixième position, les services (les émissions comptabilisées sont principalement celles du chauffage des bâtiments), et enfin les transports de marchandises.

Ce bref tour d'horizon aura permis au lecteur de constater que tout ce qui va dans le sens d'une plus grande vitesse ou d'une plus grande consommation matérielle augmente inexorablement les émissions de gaz à effet de serre. De ce fait, l'humanité ne pourra significativement les réduire sans radicalement modifier sa manière de vivre et de consommer.

Émissions de gaz à effet de serre pour produire une tonne de matériau à partir de matières premières

Matériaux	Kilo d'équivalent carbone par tonne produite
Acier	850
Aluminium	3 000
Verre	150 à 400
Plastique de base (polyéthylène, polystyrène, PCV, PET, etc.)	500 à 1 600
Papier-carton	500
Ciment	250

Il s'agit d'ordres de grandeur.

Source : Jancovici, 2003.

tableau 5

Émissions de gaz à effet de serre pour le transport de marchandises

Marchandise et trajet (exemples)	Kilo d'équivalent carbone correspondant
Une tonne de fruits d'Espagne à Paris en semi-remorque	25 à 50
Une tonne de fruits du maraîcher jusqu'au marché en camionnette	5 à 10
Une tonne de fruits de la Réunion par avion	3 000 à 4 000
Une tonne de courrier de Paris à Marseille par train de nuit (que La Poste a abandonné il y a peu)	moins de 10
Une tonne de courrier de Paris à Marseille par avion (type Chronopost)	600

Source : Jancovici, 2003.

tableau 6

LES MARGES DE MANŒUVRE

Réduire, mais jusqu'où ?

Depuis que l'homme a découvert les énergies fossiles, il n'a cessé de toujours plus y recourir, et les émissions de gaz à effet de serre ont évolué en conséquence.

Cette hausse des consommations accompagne la hausse démographique, mais résulte aussi d'une multiplication par 6 ou 7 de la quantité d'énergie consommée par Terrien en un siècle (de 0,2 à 1,5 tonne équivalent pétrole*). Ne serait-ce qu'en France, la consommation d'énergie par habitant a quasiment triplé entre 1960 et 2000. Les énergies fossiles représentent environ 85 % du total mondial (la part du bois demeurant mal appréciée).

Il est désormais établi que la poursuite de ces tendances engendrera une perturbation plus ou moins grave du climat. Sommes-nous en mesure d'établir une frontière claire entre le « plus » et le « moins » grave ? Hélas non : la situation à venir est sans précédent dans le passé observable, tant par la vitesse que par l'amplitude des modifications attendues. Aucun spécialiste du climat ne peut dire s'il serait raisonnable de se limiter à une hausse de 1,53 °C sur 107,5 ans, par exemple ; qu'au-dessous de ce seuil nous ne courons aucun danger et qu'au-dessus nous allons avec certitude à la catastrophe.

On peut cependant estimer que pour stabiliser à terme, et à quelque niveau que ce soit, la concentration de CO_2 dans l'atmosphère, donc la perturbation que nous infligeons au climat, il faudra tôt ou tard réussir à diviser les émissions mondiales actuelles par 2 à 3. Cela signifie revenir sous la barre des 3 Gt de carbone par an, voire 2 Gt pour une stabilisation à seulement 450 ppmv (soit 60 % de plus qu'à l'ère préindustrielle, et avec probablement un réchauffement global supérieur à 1 °C).

Plus nous tarderons à revenir au niveau de 2 ou 3 Gt par an, plus la concentration finale sera élevée (sachant que nous ne pouvons déjà plus revenir à l'état initial), avec le risque qu'au-dessus d'un certain seuil le phénomène ne s'emballe – à la suite, par exemple, des rétroactions liées au cycle du carbone (voir p. 131) – et que, quoi que nous fassions, la concentration en CO_2, donc la température, continue d'augmenter jusqu'à un niveau que nul ne peut évaluer.

La répartition équitable d'un « plafond » de 3 Gt d'équivalent carbone entre les 6 milliards d'habitants permettrait à chaque Terrien de disposer tout au plus de 500 kilos par an de CO_2 fossile. Ce chiffre représente environ 10 % des émissions d'un Américain (sur la base de l'année 1998), 15 % de celles d'un Allemand ou d'un Danois, 20 % d'un Anglais, 25 % d'un Français, 30 % d'un Portugais, 50 % d'un Mexicain, mais 120 % des émissions d'un Indien et 200 % de celles d'un habitant de certains pays d'Afrique subsaharienne.

Avec les technologies en usage, ce plafond annuel est atteint dès que nous avons fait un aller et retour de Paris à New York en avion ; ou consommé 2 500 kWh d'électricité en Grande-Bretagne ou 22 000 kWh en France (la moyenne annuelle par Français est d'environ 8 000 kWh) ; acheté de 50 à 500 kilos de produits manufacturés ; utilisé 2 tonnes de ciment (la construction d'une maison moderne de 100 mètres carrés en nécessite 10) ; ou conduit pendant quatre à six mois une petite voiture en zone urbaine, ou un à deux mois une voiture plus puissante, tel un 4x4 ; ou encore consommé 1 000 mètres cubes de gaz naturel (qui permettent de chauffer une maison pendant quelques mois).

L'effort à fournir pour parvenir à stabiliser la concentration en CO_2 est donc immense, et en tout état de cause incompatible avec une vision de l'avenir et du développement globalement fondée sur l'idée de consommer toujours plus. Amener les pays émergents aussi près que possible des habitudes de consommation des pays les plus riches nous éloigne bien sûr plus encore d'une quelconque solution. La voie de sortie se situe à l'opposé : elle suppose qu'un Indien ou un Chinois n'émette guère plus de gaz à effet de serre qu'aujourd'hui et que les Occidentaux en émettent considérablement moins. Le voulons-nous ? Le voudrons-nous ?

La technologie peut-elle nous aider ?

Dès lors que l'on identifie les efforts à entreprendre, il est assez tentant d'y opposer l'idée que les progrès de la technologie permettront de régler le problème « ailleurs » et « plus tard », sans qu'il soit nécessaire de faire ici et maintenant des efforts coûteux. On peut espérer une augmentation de l'efficacité énergétique, qui permettrait d'obtenir les mêmes services en émettant moins de gaz à effet de serre, ou encore une aptitude à piéger le CO_2 par le biais de processus biologiques, tels que la croissance de la biomasse*, ou physiques, par exemple en capturant le CO_2 en sortie de cheminée pour le mettre dans de grands réservoirs enterrés.

Suffit-il de mieux utiliser l'énergie ?

L'essentiel des émissions de CO_2 provient de l'utilisation de l'énergie fossile, c'est-à-dire, en simplifiant à peine, de l'utilisation de l'énergie tout court, puisque l'approvisionnement mondial repose actuellement sur le pétrole (40 %), le gaz (20 %) et le charbon (25 %).

En France, cette consommation découle de quelques usages d'importance à peu près équivalente : se déplacer, se chauffer, consommer des produits manufacturés et, dans une moindre mesure, manger. Le mode de vie que nous choisissons se caractérise avant tout par certaines données : espace habitable, vitesse de déplacement, distance entre le domicile et le lieu de travail, poids de viande consommée, etc. Chaque usage implique une consommation minimale d'énergie que la meilleure des technologies ne pourra jamais réduire. À mode de vie inchangé, l'apport du progrès technique est forcément limité.

Voulons-nous avoir chaud l'hiver ? Chauffer une maison, c'est entretenir un flux de déperdition calorique de l'intérieur vers l'extérieur, flux d'autant plus important que la chaleur intérieure est élevée. Aucun effort d'isolation ne peut réduire ce flux à néant ni même le diviser par dix pour une surface et des températures données. Réduire la surface chauffée ou la température intérieure représente des variables d'action largement aussi efficaces que d'isoler au mieux les bâtiments. Voulons-nous des produits manufacturés en abondance ? Il nous faudra alors y consacrer une certaine quantité d'énergie. Les économies de l'industrie par objet vendu (gains unitaires) ne peuvent compenser une augmentation en général plus rapide des volumes consommés. Voulons-nous rouler en voiture plutôt qu'à vélo ? Quarante fois plus d'énergie est nécessaire, et aucune innovation technique n'est en mesure de compenser un facteur de cet ordre.

La partie des émissions provenant de notre production alimentaire fait intervenir à la fois des processus biologiques et une consommation d'énergie non négligeable. La partie « biologique » inclut les émissions de méthane par les ruminants et les émanations de protoxyde d'azote

Émissions de gaz à effet de serre liées au transport d'un passager sur un kilomètre* (en grammes équivalent carbone)

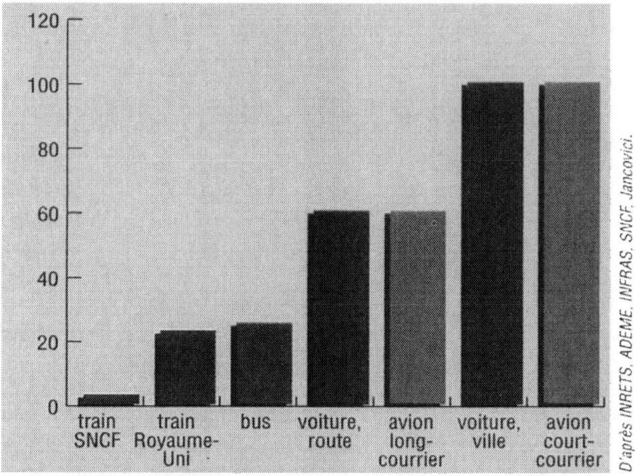

Les émissions de gaz à effet de serre pour le train correspondent aux deux extrêmes européens, l'Angleterre et la France. La voiture tient compte du coefficient de remplissage moyen.

qui suivent l'épandage des engrais azotés. Les émissions d'origine énergétique sont quant à elles relatives à la fabrication des engrais de synthèse et des phytosanitaires* – l'agrochimie est très gourmande en énergie – et au fonctionnement des engins agricoles alimentés en diesel ou essence. Les émissions énergétiques « contenues » dans une unité de production agricole ont beaucoup augmenté depuis la Libération : en exagérant à peine, nous pourrions dire que l'évolution des méthodes de production de ces soixante dernières années a essentiellement consisté à remplacer 6 millions d'agriculteurs par de l'énergie fossile, suivant en cela un mouvement identique à ce qui s'est passé dans l'industrie.

Voulons-nous manger beaucoup de viande rouge, consommer beaucoup de lait, directement ou indirectement, sous forme de glaces, pâtisseries, fromages, yaourts, etc. ? Il faudra alors élever beaucoup d'animaux, notamment des bovins, ce qui engendrera des émissions importantes, à la fois directes *via* le méthane émis par le cheptel, et indirectes, *via* l'énergie utilisée pour cultiver tous les végétaux qu'il aura fallu produire pour les nourrir, et *via* les émissions de N_2O ainsi engendrées.

Doit-on en conclure que la technologie est impuissante à résoudre le problème des émissions de gaz à effet de serre ? Ce n'est certainement pas le message que souhaite délivrer cet ouvrage. Mettre en œuvre dans toute la France les meilleures technologies disponibles permettrait déjà de diviser par 2 (environ) la consommation par habitant et nous ramènerait au niveau des années 1970 (voir graphique p. 151).

Économiser l'énergie à service rendu équivalent représente donc une marge de manœuvre significative et une opportunité réelle pour nos

Équivalent carbone engendré par la production d'un kilo de nourriture

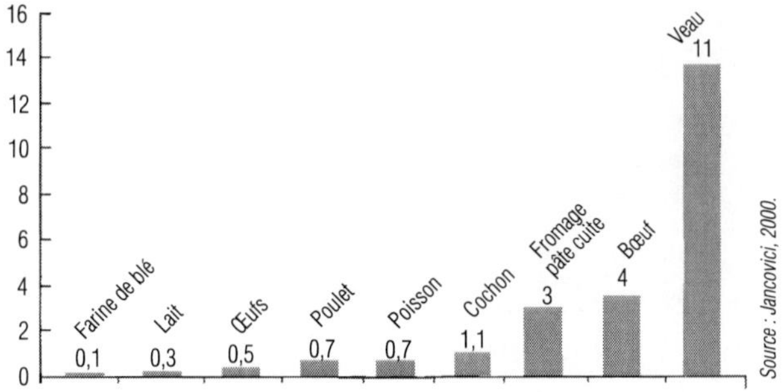

En France, les émissions directes et indirectes liées au cheptel bovin, si nous prenons en compte toutes les émissions de gaz à effet de serre, sont du même ordre de grandeur que les émissions liées à l'emploi des voitures particulières.

entreprises. Les technologies mises en œuvre pourraient aussi favoriser une évolution des pays émergents mieux adaptée à la préservation de l'environnement. Mais gagner un facteur 2 est à la fois considérable et insuffisant pour stabiliser la perturbation climatique. Croire que l'on peut tout miser sur le progrès technologique en négligeant ce qui a trait à notre organisation sociale, à notre mode de vie et aux aspirations qu'ils matérialisent relève de l'utopie. Aller au-delà exige que nous développions une société « sobre » en réduisant notre consommation matérielle. En outre, les améliorations techniques sont relativement longues à mettre en œuvre (il faut quinze à vingt ans pour que le parc d'automobiles soit renouvelé, plus d'un siècle pour le parc de logements), alors qu'une part de la demande peut évoluer plus rapidement (température intérieure des maisons, consommation de viande, voyages en avion, etc.).

Allons plus loin et relevons les actes individuels essentiels qui vont dans le sens d'une diminution des émissions de gaz à effet de serre : baisser fortement le thermostat l'hiver et ne pas installer de climatisation pour l'été ; habiter en appartement desservi par les transports en commun plutôt qu'en pavillon desservi uniquement par la route ; acheter le moins possible de produits manufacturés ; ne pas prendre l'avion ; voyager en train et à vélo, éviter de se déplacer en voiture ; manger peu de viande rouge ; acheter des produits alimentaires de saison, locaux et aussi peu emballés que possible.

À l'échelle d'un pays, il est difficile de soumettre des propositions argumentées dans le cadre d'un tel ouvrage. Mais nous pouvons au moins souligner quelques attitudes clairement incompatibles avec un souhait de réduction des émissions de gaz à effet de serre : continuer à jauger la santé d'une nation à la vigueur de la croissance de sa production industrielle ou de la

Économies d'énergie potentielles liées à la technologie en France

Usage	kilo équivalent pétrole/hab. (moy. 1995)	kilo équivalent pétrole/hab. (meilleure techno poss.)	Commentaires	Émissions de gaz à effet de serre (meilleure techno poss.)
Habitat	**845**	**360**		**170**
confort thermique (chauffage, eau chaude)	740	300	concerne surtout l'isolation des bâtiments	170
électroménager	35	25	meilleurs équipements 1995	-
produits bruns (TV, radio)	70	35	optimisation des systèmes de veille	-
Tertiaire (bureaux...)	**505**	**250**		**100**
confort thermique	415	200	surtout l'isolation des bâtiments	100
autres	90	50	optimisation des systèmes de veille	-
Alimentation	**360**	**250**	**50 % de gains sur froid et cuisson**	**130**
Industrie	**775**	**580**		**270**
biens intermédiaires (matériaux)	625	450	éco-procédés & recyclage	190
autres activités	150	130		80
Transports	**805**	**450**	-	**400**
personnes	490	250	pour les voitures 4 l /100 & 13 000 km /an	230
marchandises	315	200	réduction de la puissance des camions, transport combiné…	180
TOTAL	**3 290**	**1 890**	-	**1 070**

Source : Commissariat général au Plan, 1995.

tableau 7

consommation des ménages en produits manufacturés ; développer les infrastructures routières ou aéroportuaires, et plus généralement favoriser l'augmentation de la mobilité ; subventionner l'agriculture sur la base des volumes (alors qu'il faudrait privilégier les consommations locales et la qualité plutôt que la quantité) ; raisonner de manière sectorielle, c'est-à-dire gérer séparément agriculture, transports, urbanisme ou toute activité économique et sociale. Enfin, nous pourrions ajouter : ignorer l'ampleur réelle du problème. Une action efficace pour modérer le changement climatique ne peut en aucun cas résulter de quelques corrections à la marge, dans un monde globalement inchangé.

Les puits de carbone constituent-ils une solution miracle ?

Si le CO_2 croît dans l'atmosphère, c'est que l'absorption par les puits ne peut compenser les émissions anthropiques. On peut imaginer aborder le problème par l'autre extrémité : plutôt que de contraindre les émissions, on pourrait augmenter les puits, lesquels stockent le CO_2 en dehors de l'atmosphère, où il devient inoffensif. Il s'agirait alors d'injecter ce gaz dans des poches épuisées d'hydrocarbures, des aquifères salins ou d'anciennes mines de sel ; de l'injecter et le dissoudre dans l'océan profond ; de favoriser artificiellement la productivité du phytoplancton à la surface de l'océan, afin d'accroître les ressources de la chaîne alimentaire marine et, *in fine*, d'augmenter la sédimentation des restes d'animaux au fond des océans ; ou encore de planter des forêts.

S'il s'agit d'une marge de manœuvre pouvant être significative dans certains cas, une généralisation se heurte à de très fortes limites. Injecter le CO_2 en sous-sol induit une surconsommation en énergie de 10 à 30 % à usage identique : y recourir partout et tout le temps amputerait d'autant nos réserves de combustibles fossiles, car seule la fraction qui ne sert pas à enfouir le CO_2 est disponible pour d'autres usages. Ce procédé n'est envisageable que pour des sources très importantes (centrales électriques à charbon, pétrole ou gaz, grosses usines telles que les aciéries ou les cimenteries…), soit une petite moitié seulement des émissions mondiales de CO_2, et donc environ 20 % des émissions de gaz à effet de serre. Il demande aussi une mise en œuvre lourde et difficile.

Quant à injecter du CO_2 dans le fond de l'océan, l'opération est très risquée : en se dissolvant, ce gaz se transformera en bicarbonate, provoquant une acidification de l'eau susceptible de dissoudre des sédiments calcaires, donc d'injecter plus de carbone dans le cycle naturel. En outre, la circulation océanique profonde est susceptible de restituer ce gaz, dissous dans l'eau, ailleurs et plus tard, ce qui ne serait pas seulement inefficace, mais aussi éventuellement dangereux. Il est déjà difficile de savoir comment évolueront les puits terrestres d'ici à quelques décennies ; spéculer sur l'océan profond, nettement moins bien connu, semble trop risqué. Enfin, il est difficile de prévoir les conséquences potentielles sur les écosystèmes marins. Les expériences de fertilisation du phytoplancton menées jusqu'à présent n'ont pas donné les résultats escomptés. Réussir nécessiterait probablement de traiter des surfaces considérables, avec à la clé une dépense énergétique tout aussi considérable (donc un bilan net de l'affaire fort incertain). Du reste, on ignore tout de l'impact éventuel sur la vie marine, et le stockage ne serait que temporaire.

Ralentir ou stopper la déforestation est absolument souhaitable, à tous points de vue (baisse des émissions, respect de la biodiversité, importance des forêts pour la préservation des ressources en eau, etc.), mais la plantation d'arbres ne peut constituer qu'un apport très partiel à l'élimination du surplus de CO_2 d'origine anthropique. Tout d'abord, planter des arbres n'équivaut pas dans tous les cas de figure à créer un puits. Tout dépend de la végétation préexistante (voir p. 148). Reboiser permettrait de gagner du temps (jusqu'à quelques décennies), mais pas de résoudre le problème à terme. Il ne faut pas confondre dynamique d'évolution – une forêt peut absorber temporairement plus qu'une prairie – et stockage à terme, lequel conditionne le caractère définitif ou non du puits. Un rapide calcul montre qu'une absorption de carbone de 3 milliards de tonnes par an (soit l'augmentation annuelle du stock atmosphérique) impliquerait la conversion d'un sixième des terres émergées en surfaces forestières, à partir de champs (bien sûr, l'absorption correspondante ne dure que tant que la forêt est en phase de croissance). Enfin, boiser une surface agricole ou une prairie modifie l'albédo : une forêt réfléchit 5 à 15 % seulement de la lumière incidente, alors qu'une prairie en réfléchit jusqu'à 25 %. En plantant des arbres à la place d'une prairie, par exemple, on pourrait contribuer à augmenter l'énergie reçue par la machine climatique !

Recourir de manière plus importante aux énergies renouvelables

Traiter de manière satisfaisante des énergies renouvelables nécessiterait un autre ouvrage, tant celles-ci sont diverses. L'objet de ce paragraphe consiste simplement à rappeler que l'usage de ces énergies rencontre toujours des limites et ne constitue qu'une solution partielle au problème posé. Malgré leur appartenance à une catégorie commune, ces énergies ont des potentiels très différents : celui du rayonnement solaire direct est très important, ceux des biocarburants ou de l'éolien sont marginaux si on les rapporte à notre consommation actuelle. Elles ont parfois des inconvénients, qui pourraient devenir très problématiques si l'on devait y recourir de manière intensive, malgré le qualificatif « propre » qui leur est parfois accolé. Par exemple, produire 1 ou 2 % de notre énergie totale en France avec des éoliennes supposerait d'en installer 10 000 à 20 000 ; remplacer 5 % du pétrole que nous consommons par des biocarburants suppose d'affecter à leur production 10 % du territoire métropolitain ! En outre, toutes les énergies renouvelables ne sont pas « sans carbone », ni même… renouvelables ! Deux sources d'énergie, en particulier, peuvent, selon les circonstances, être renouvelables ou non : la biomasse (bois de feu notamment) et la géothermie. La biomasse, qui représente 10 à 15 % de la consommation d'énergie mondiale, n'est en effet renouvelable que si elle est renouvelée, c'est-à-dire que si elle provient de forêts entretenues dont la superficie reste constante, et non d'un défrichement ou d'une déforestation. Par ailleurs, la combustion du bois produit assurément du CO_2, et le bilan ne peut s'équilibrer que si, dans le même temps, une parcelle de bois en croissance située ailleurs absorbe les émissions correspondantes.

Par conséquent, cette ressource n'est renouvelable que si elle fait l'objet d'une exploitation raisonnée – et que, concrètement, seule la production de l'année peut être utilisée comme une « vraie » source d'énergie renouvelable.

Pour la géothermie, le flux annuel fourni par la Terre, c'est-à-dire la partie vraiment renouvelable de cette ressource, ne représente, à l'échelle de la planète, que l'équivalent de la consommation mondiale d'énergie, alors que l'énergie solaire parvenant au sol en une année représente 6 000 fois l'énergie que nous consommons pendant ce même temps. Seuls les points de concentration de ce flux, et en particulier les zones volcaniques sont intéressants : c'est pourquoi leur apport restera marginal au niveau mondial. Le potentiel important de la géothermie s'obtient en refroidissant très lentement le sous-sol planétaire (à quelques kilomètres de profondeur, la température est de 200 à 500 °C, en ordre de grandeur), mais il ne s'agit alors plus vraiment d'une énergie renouvelable, puisque nous puiserions la chaleur accumulée depuis des millions d'années. Toutefois, le stock de chaleur accumulé à ces profondeurs est tel que nous pourrions l'exploiter pendant des milliers d'années sans refroidir très significativement la croûte terrestre.

Les énergies renouvelables, quand elles le sont vraiment, sont effectivement « sans carbone », et contribuent à résoudre partiellement le problème de l'effet de serre. Mais elles sont souvent diffuses, quelquefois intermittentes (soleil, vent), et nécessitent parfois une importante consommation d'énergie fossile en amont pour pouvoir être mises en œuvre (solaire photovoltaïque, biocarburants). Par ailleurs, les stocker pour les utiliser plus tard ou ailleurs pose des problèmes qui ne sont pas simples à résoudre.

Elles ne constituent donc pas à elles seules une solution au problème de l'effet de serre : recourir à ces seules énergies pour assurer à l'ensemble de l'humanité un niveau de consommation équivalent à celui que connaissent aujourd'hui les pays occidentaux est impossible. Néanmoins, elles offrent une marge de manœuvre (voir tableau p. 173) qui sera d'autant plus importante que notre consommation d'énergie aura été réduite par ailleurs : au niveau actuel de consommation en France, elles pourraient probablement nous fournir 15 à 20 % du total, mais si la consommation était divisée par 2, ce potentiel passerait à 30 ou 40 % – ce qui est à la fois considérable et insuffisant à lui tout seul. À l'échelle mondiale, il faudrait généraliser le niveau de consommation d'un Français de 1960 ou d'un Chinois de l'an 2000 pour que les

Émissions de gaz à effet de serre liées à la production d'électricité

Énergie primaire utilisée	Grammes d'équivalent carbone par kWh électrique
Charbon	220 à 280
Cycle combiné à gaz	120
Nucléaire	2
Hydraulique	1
Biomasse bois (sans replantation)	410
Solaire photovoltaïque (hors stockage)	16 à 41
Éolien (hors stockage)	1 à 6

Source : Jean-Pierre Bourdier, La Jaune et la rouge, mai 2000.

tableau 8

Comme il faut construire le dispositif de production, l'énergie éolienne ou solaire photovoltaïque est créditée d'un contenu en carbone, bien que le vent et le soleil nous soient donnés sans émissions.
Aucun dispositif de stockage de l'énergie n'est par contre inclus dans ces chiffres.

énergies renouvelables contribuent significativement à l'approvisionnement énergétique.

Et le nucléaire dans tout cela ?

Bien que le recours au nucléaire ne constitue que l'une des variables d'action pour diminuer les émissions, cette éventualité occupe une très large place dans le débat. Aucune manière de produire de l'énergie n'est totalement « propre », et arbitrer entre différents modes de production signifie souvent arbitrer entre divers inconvénients. Notre niveau de consommation est tel qu'il ne laisse place à aucune solution innocente. Comparer l'importance respective qu'il convient d'accorder aux risques climatiques et aux risques liés à l'usage du nucléaire sortirait du cadre de notre propos, d'autant que les préoccupations exprimées dépassent le seul domaine de la sécurité technique ou environnementale. Nous nous contenterons donc ici de quelques éléments factuels qui concernent directement le sujet de ce livre : l'effet de serre.

Un chiffre pour commencer : nucléariser la quasi-totalité de la production d'électricité mondiale actuellement réalisée grâce au charbon, au gaz ou au fioul permettrait de diminuer de 25 à 30 % les émissions anthropiques de CO_2 d'origine fossile. Si l'objectif recherché est une réduction, dans les plus brefs délais, des émissions annuelles de CO_2 sous la barre des 3 Gt d'équivalent carbone, ce moyen nous fournit une réelle marge de manœuvre. Mais si les tendances de consommation actuelles se poursuivaient, un tel effort nous permettrait seulement de gagner dix à vingt ans sur les échéances.

L'énergie nucléaire est une technologie suffisamment mûre pour pouvoir être mise en œuvre à large échelle dans des délais assez courts, la contribution des énergies renouvelables demandant sans doute plus de temps pour devenir significative. Mais ce recours au nucléaire s'entend bien sûr à l'échelle de la planète, avec pour corollaire des risques liés au niveau de stabilité et à la politique de sécurité des pays qui produiraient ainsi de l'électricité. De plus, si l'on veut que le nucléaire puisse un jour représenter 80 % de la production mondiale d'électricité, il faut recourir assez vite à la surgénération, les réserves d'uranium 235 (seul matériau utilisé actuellement), certes aisément accessibles, étant néanmoins du même ordre que les réserves de pétrole. Enfin, notons que remplacer le nucléaire par des énergies renouvelables est sans effet sur les émissions de gaz à effet de serre, alors que remplacer les énergies fossiles par des énergies renouvelables diminue ces émissions. Il y a deux débats à ne pas confondre : réduire les gaz à effet de serre (le nucléaire est une option, au même titre que les énergies renouvelables) et arbitrer entre ces options (qui relève de considérations moins directement liées au problème de l'effet de serre).

Les permis négociables participent-ils de la réduction ?

Nous avons cherché à montrer qu'aucune solution véritable ne viendra ni du seul progrès technologique ni des seules énergies de substitution. Une réduction sensible des émissions implique un réel effort collectif, donc des contraintes. Plusieurs voies s'offrent en théorie à la collectivité. La réglementation : chaque acteur, sous peine de sanctions, doit diminuer sa consommation d'un certain pourcentage ; la négociation d'accords : chaque acteur, ou groupe d'acteurs, s'engage sur une réduction en contrepartie d'avantages donnés ; la taxation : chaque tonne de carbone émise sera « imposée », de telle sorte que les acteurs (entreprises ou particuliers) auront tout intérêt, pour payer le moins possible, à diminuer au maximum leurs émissions. Ici comme ailleurs, il est vraisemblable que la solution optimale réside dans la combinaison adaptée de ces différentes approches.

Le système des permis d'émissions mérite quant à lui d'être développé, car il fait l'objet de débats souvent passionnés. Dans le principe, il s'agit juste d'un moyen de « mettre de l'huile dans les rouages » pour permettre à un ensemble d'acteurs (pays, entreprises) d'atteindre un objectif collectif fixé par ailleurs, lequel se traduirait en contraintes fiscales ou réglementaires.

Imaginons que l'on demande à toutes les entreprises de diminuer leurs émissions de 10 % en deux ans. L'entreprise A n'a pas de problème, et pourrait même réduire facilement ses émissions de 20 %, car de nouveaux équipements très économes sont déjà en cours d'installation. L'entreprise B aura des difficultés à dépasser 5 %, quels que soient ses moyens financiers : elle devrait remplacer totalement ses lignes de production, et le délai minimal est de trois ans. L'idée du permis négociable est que A « vende » à B les économies que A peut accomplir facilement et B très difficilement, afin que le résultat de A + B soit effectivement une baisse de 10 %. Le système reste globalement équilibré : un permis ne peut s'acheter qu'auprès d'une entreprise qui a prévu de dépasser ses objectifs et vend ce dépassement à une entreprise qui peine à les atteindre.

Dans la pratique, A et B ne se connaissent pas nécessairement. Il faut donc organiser un marché financier où acheteurs et vendeurs d'économies puissent négocier et conclure des accords, ce qui correspondrait à la mise en place d'un système de permis d'émissions. On peut aussi organiser un marché entre pays, l'idée étant encore de transférer, dans des conditions qui restent à définir, les gains supplémentaires des uns aux autres. La mise en pratique de ce marché implique de trouver une unité de mesure commune pour toutes les actions à prendre en compte (réduction des émissions, puits, etc.). D'aucuns ont stigmatisé cette idée en parlant de « droits à polluer », moralement inacceptables. Mais le « droit à polluer », ne l'appliquons-nous pas déjà au quotidien ? À travers nos achats, nos déplacements, etc., nous polluons et considérons que nous en avons parfaitement le droit !

Un système de permis a bien évidemment des limites. En particulier, il ne se substitue pas à la décision d'un niveau de réduction global. Ainsi, ceux qui arguent que le simple fait de créer un marché pour échanger des émissions de gaz à effet de serre engendrera une réduction significative sont probablement trop optimistes : l'outil n'équivaut pas à l'objectif, et une efficacité unitaire accrue ne garantit en rien une baisse spontanée des volumes globaux de déchets produits. L'exemple le plus couramment cité pour justifier l'efficacité des permis (la réduction des émissions de dioxyde de soufre aux États-Unis) a pris place dans un cadre où l'objectif global était fixé par la puissance publique et parfaitement explicite.

Une autre critique porte sur la perversion que pourrait introduire un mauvais usage de ces permis dans les rapports Nord-Sud : les pays riches pourraient se dispenser de mesures coûteuses en achetant des droits à des pays qui s'engageraient, en quelque sorte, à ne pas se développer. Ce risque n'existe pas pour le moment : en effet, dans le cadre de la Convention Climat (voir p. 205), le système des permis négociables ne peut se mettre en place qu'entre les pays dits de l'annexe I (c'est-à-dire les pays développés et les anciens pays de l'Est). Mais la tentation est certainement forte pour bien des acteurs, et il convient de rester vigilant.

La réduction des émissions pénaliserait-elle l'économie ?

Le coût des mesures à prendre pour réduire les émissions est bien sûr un critère important qui explique les réticences actuelles, avouées ou inavouées, de certains États ou entreprises. Le souhait souvent formulé est de ne pas « pénaliser l'économie ». Les théories économiques assez complexes élaborées pour arbitrer l'avenir visent généralement à équilibrer le coût des mesures à prendre avec celui des dommages qui résultent d'une situation où l'on ne ferait rien. Évaluation indispensable, qui doit être conduite selon un certain échéancier et conjuguer les incertitudes liées à l'évaluation du risque climatique et celles du coût économique : vaut-il mieux prendre dès aujourd'hui des mesures éventuellement onéreuses, ou attendre quelques années afin que l'effort de réduction coûte moins cher (du fait des progrès de la technologie ou du taux d'actualisation), mais nous exposer dans la phase transitoire à des dommages climatiques accrus ?

Nous n'entrerons pas dans le détail de ces théories malgré leur importance dans le processus de négociations et de décision, mais plusieurs remarques peuvent éclairer certaines ambiguïtés propres à ces débats. Notons que si le terme économie désigne un système global, le surcoût pour l'un représente souvent du chiffre d'affaires pour l'autre. En fait, si le coût des mesures à prendre est relativement facile à estimer, évaluer les risques encourus sur une base strictement financière, donc le gain potentiel qu'il y aurait à ne pas les prendre, est en partie impossible. L'économie (le système représentant nos échanges et leur valeur monétaire) n'est pas une donnée immuable comme la loi de l'attraction universelle. Elle est la conséquence des règles du jeu du moment : par exemple, un prix reflète les coûts intrinsèques de mise à disposition d'un bien, mais aussi son offre et sa demande du moment ; ou encore tel bien disponible demain vaut moins cher que le même disponible aujourd'hui. Le PNB, le taux de croissance de l'économie, les chiffres d'affaires et profits des entreprises, etc., sont le résultat de règles conventionnelles qui varient au cours du temps : les mesures économiques sont une représentation indispensable, mais partielle et simplifiée, du monde réel, utile au quotidien, mais insuffisante pour arbitrer des enjeux de très long terme. Dans ce strict cadre, de nombreuses questions n'ont pas de réponse objective : quel prix attribuer à la vie humaine ? Doit-il être le même en France et au Bangladesh ? Quel prix accorder à la disparition d'une espèce animale, des glaciers alpins, de paysages chers, ou à la baisse de moitié de l'espérance de vie ?

Un changement de mode de vie pénaliserait nécessairement certains acteurs économiques, mais existe-t-il des changements sans perdants ? Ainsi, le fonctionnement des multinationales n'est possible que si l'énergie est bon marché (qui leur permet, *via* les transporteurs, d'assurer à partir de quelques sites de production la distribution des marchandises dans le monde) ; elles seraient donc pénalisées et le font savoir… Mais il s'agit là d'une partie de notre économie, et en déduire que toute notre économie en souffrirait correspond à une vision tronquée des choses.

On pense aussi parfois que l'emploi serait menacé par un programme de lutte contre le changement climatique, alors que divers travaux sectoriels laissent penser le contraire. Le plus grand concurrent de l'emploi, c'est l'énergie, qui permet précisément de se passer du service humain. Il est plus que vraisemblable qu'un monde plus économe en énergie serait plus riche en emplois, en particulier manuels et locaux.

En conclusion, il n'est pas souhaitable de se fonder sur ces seuls critères pour juger de la nécessité d'une rupture aussi importante que celle qu'impliquerait une forte réduction des émissions. Car, au bout du compte, savoir si nous entendons privilégier la prudence ou la prise de risques ne relève pas d'un choix économique, mais d'un choix de société.

LE FUTUR SERA-T-IL CE QUE NOUS EN FERONS ?

Comment travaillent les experts ?

Compte tenu de l'ampleur du phénomène et des implications d'une éventuelle réduction massive des émissions, la crédibilité du diagnostic de la communauté scientifique est un point essentiel. Mais sous l'appellation générique de « scientifiques » se cache une réalité très diverse. Qui sont ces scientifiques ? Parlent-ils d'une même voix ?

La question de l'influence de l'homme sur le climat a été, voilà maintenant plus de dix ans, à l'origine de la mise en œuvre d'un processus d'expertise scientifique, sans doute le plus vaste au monde, dans le cadre du GIEC, organisation mise en place en 1988 à la demande du G7 par l'Organisation météorologique mondiale et par le Programme des Nations unies pour l'environnement. Son appellation anglaise est IPCC : Intergovernmental Panel on Climate Change.

Tous les pays membres des Nations unies sont adhérents de cette organisation, soit 189 en 2000. Le GIEC a joué un rôle capital dans la transmission de l'information entre le monde scientifique et le monde politique (au sens large), et il est difficile de statuer sur sa crédibilité sans connaître son fonctionnement.

Son rôle est de dresser un bilan et d'effectuer une synthèse de l'information scientifique, technique et socio-économique concernant le risque de changement climatique d'origine anthropique. Il est subdivisé en trois groupes de travail qui ont respectivement la charge de conduire les expertises sur le fonctionnement du climat et l'appréciation du changement climatique (groupe 1), la vulnérabilité de la biosphère et de notre système socio-économique face aux risques du changement climatique (groupe 2), les scénarios d'émissions de gaz à effet de serre et leur variation en fonction de nos souhaits pour le futur (groupe 3).

Les « rapports d'évaluation » publiés par le GIEC (le dernier est paru en juillet 2001) font l'objet d'un travail qui dure plusieurs années, avec des allers et retours continuels entre les scientifiques à qui la rédaction est confiée, la communauté scientifique dans son ensemble et les experts gouvernementaux : plusieurs milliers de personnes représentant des dizaines de disciplines sont amenées à intervenir. Le document qui conclut ce processus d'expertise distingue les aspects sur lesquels il y a consensus entre experts d'une même discipline et les problèmes qui relèvent de débats scientifiques encore ouverts. Ces rapports doivent être explicitement approuvés par l'assemblée plénière du GIEC avant publication ; la rédaction des « résumés pour décideurs », destinés à condenser les grandes conclusions des rapports d'évaluation en quelques dizaines de pages, est discutée mot à mot. Le GIEC publie aussi des rapports plus ciblés, sur le rôle des avions, par exemple, ou sur la contribution du changement d'usage des sols. Mais, si les documents produits par le GIEC servent de référence dans le cadre des négociations internationales sur les gaz à effet de serre, le GIEC, en tant qu'organe d'évaluation, n'y est pas représenté.

Faut-il croire le GIEC ?

Le rôle du GIEC a été considérable dans la prise de conscience publique. L'ampleur du travail réalisé, son exhaustivité, son interdisciplinarité, le nombre des personnes impliquées en font une référence incontournable, et les rapports successifs constituent l'outil de travail naturel, actuellement irremplaçable, de tous ceux qui souhaitent mieux appréhender le problème.

Pourtant, on peut constater chaque jour que l'existence du GIEC n'a pas (et c'est heureux !) éteint toute forme de débat. Ses rapports nourrissent et informent en effet deux débats, qui sont liés, bien sûr, mais dont les tenants et les aboutissants sont assez différents : celui sur le dossier scientifique, c'est-à-dire sur l'exacte définition du problème, et celui sur la conduite à tenir face au problème.

Le premier est régulièrement alimenté par des interrogations relayées par les grands médias sur : le rôle possible du vent solaire, la comparaison avec d'anciens climats un peu plus chauds (mais d'une autre nature), l'importance accordée ou non aux rétroactions de vapeur d'eau, la fiabilité des modèles, celle des données de température… Nous avons essayé de donner dans ce livre une vision équilibrée du dossier scientifique, sans masquer les incertitudes qu'il contient encore. Pour le non-spécialiste qui n'a qu'un accès indirect à ces débats, il est toujours tentant d'imaginer que les scientifiques utiliseront ces incertitudes dans le sens qui paraît favoriser le financement de leur communauté, notamment en se lançant dans une surenchère médiatique sur la base de résultats prématurés ou incertains. Comment penser d'ailleurs qu'une telle tentation, consciente ou inconsciente, n'existe jamais ? Mais imaginer qu'il s'agit là de la seule force à l'œuvre serait méconnaître à la fois la réalité du débat en cours et la manière dont fonctionne la science. Tout d'abord, le recours aux médias ou aux « sponsors » n'est pas l'apanage des « catastrophistes ». Les quelques scientifiques qui se sont opposés à la théorie du réchauffement climatique en déniant toute influence à l'augmentation des gaz à effet de serre ont toujours pu s'exprimer dans les journaux et forums de la communauté scientifique elle-même, et ont aussi très souvent reçu le soutien de lobbys puissants. Ensuite, l'unanimisme ne correspond pas à l'état d'esprit naturel du scientifique : l'esprit critique est l'aliment même de la recherche, les grandes découvertes comme les petites reposant souvent sur la remise en question d'une idée tenue pour admise. Pour rendre constructives les controverses, les chercheurs ont développé l'« expertise par les pairs », qui a fait ses preuves depuis longtemps : tout travail, avant d'être publié dans l'une des nombreuses revues spécialisées de la communauté, doit être relu en détail par plusieurs experts suffisamment proches du domaine traité pour être à même d'en évaluer la qualité (méthodologie, argumentaire, qualités des données expérimentales, pertinence générale du travail proposé). Ces revues ont ainsi accueilli des débats très techniques sur de nombreux points, dont certains abordés dans cet ouvrage (le rôle des rétroactions de vapeur d'eau, l'influence des fluctuations solaires, la différence entre l'évolution des températures mesurées au sol et dans la moyenne troposphère, etc.).

Le débat scientifique a donc bien lieu, et la presse grand public en donne souvent un écho qui est bien sûr un peu déformé, un peu hors contexte, difficile à apprécier, mais qui existe et est parfaitement légitime. Mais que penser a contrario d'une contestation prétendument scientifique quand elle émane de personnes dépourvues de compétence dans la discipline dont elles critiquent les résultats, et qu'elle est diffusée en premier lieu dans les colonnes d'un journal grand public ? Quelles garanties ce journal qui les publie peut-il offrir quant à leur validité ? Dès qu'ils échappent à une évaluation technique et précise, les arguments scientifiques, ou prétendus tels, ne sont plus recevables.

Le passage d'une information scientifique, nécessairement complexe, à une information utilisable par les décideurs et les citoyens pose par ailleurs indéniablement un problème de traduction, parfois sans solution satisfaisante. Comment résumer au sein d'un article ou d'une note de service les milliers de pages du rapport du GIEC, voire les dizaines de pages des différents « résumés pour décideurs », sans déformer le message ? Comment éviter que la reprise parcellaire et hors contexte des débats scientifiques conduise à fausser le jugement du lecteur ? Ces difficultés, induites par toute entreprise de vulgarisation, offrent autant d'opportunités aux tentations, conscientes ou non, de manipuler le débat public en fonction de convictions ou d'intérêts particuliers (positions personnelles face au nucléaire ou liens financiers avec les secteurs du pétrole ou du charbon, ou encore aversion pour toute entrave éventuelle au développement des entreprises, ce qui est le cas des ultralibéraux en Europe ou des républicains aux États-Unis). C'est ainsi qu'un débat scientifique détourné ou tronqué peut devenir le simple paravent d'intérêts bien différents.

Ce dévoiement ne doit pas conduire, en réaction, à une « orthodoxie climatique » consistant à refuser tout débat. Ainsi, lorsqu'on dit que le rapport du GIEC fait consensus, il convient de se demander : sur quoi ? Si l'augmentation de la teneur atmosphérique en gaz à effet de serre, par exemple, constitue un fait avéré, le consensus sur plusieurs autres points clés s'entend avec un certain niveau de probabilité. Ainsi, il n'est pas certain, mais « hautement probable », que la température moyenne de l'air au niveau du sol ait augmenté depuis 1860. D'autres conclusions, telle l'évolution vers la sécheresse de certaines régions, sont présentées comme seulement « probables », voire « possibles ». Il y a donc effectivement nécessité de débattre ou de réfléchir.

Le deuxième débat, qui peut s'instaurer lui aussi sur la base des rapports du GIEC, appelle une participation un peu différente des citoyens : il consiste à s'interroger sur la conduite à tenir, et donc sur le prix que nous sommes prêts à payer (en changeant notre confort de vie, nos habitudes…) pour éviter des risques futurs qui ne sont évalués que de manière approximative. Nous sommes ici dans un cas particulier du débat plus général concernant le « principe de précaution ».

Face à la nécessité de remettre en question notre mode de vie, ce qui bouleverserait l'ordre des choses et créerait de nouvelles contraintes, il est naturel que l'appréciation de la gravité du risque climatique comme les opinions sur ce qu'il conviendrait de faire soient contrastées, et que s'expriment aussi des avis divergents sur les politiques publiques qui seraient appropriées. Mais il importe de ne pas confondre réalité du risque et appréciation de la conduite à tenir : le GIEC, et plus généralement la communauté scientifique, n'a pas d'autre ambition que de fournir des repères et des informations pour éclairer le premier point.

Le déséquilibre entre pays riches et pays pauvres

Pour le moment, environ deux tiers des gaz à effet de serre sont émis par les pays de l'OCDE, donc les pays dits développés ; nous avons vu que les émissions par habitant variaient de 1 à 10 entre les États-Unis et l'Inde. Mais, du fait de l'importance démographique de certains pays émergents, les émissions nationales des plus peuplés avoisinent celles des grands pays occidentaux et augmentent plus vite. Dans ces conditions et dans la perspective d'une réduction mondiale des émissions de gaz à effet de serre, est-il opportun de demander dès aujourd'hui aux pays en voie de développement de fournir des efforts ?

Oui, disent certains, dont les dirigeants actuels des États-Unis (notons que ce pays, souvent cité, se caractérise par une pluralité d'avis complexe). Quel sens y aurait-il à stabiliser les émissions des pays occidentaux si on laisse s'envoler celles de géants démographiques comme l'Inde, la Chine ou le Brésil, dont la contribution sera rapidement dominante ? De fait, si la priorité est la sauvegarde climatique, nous nous trouvons dès à présent dans une situation où les émissions des pays en voie de développement atteignent ou dépassent déjà 0,5 tonne d'équivalent carbone par individu, c'est-à-dire la limite approximative à ne pas franchir pour stabiliser la concentration atmosphérique en CO_2 (voir p. 164). Mais l'équité ou l'exemplarité imposerait alors que les pays développés réduisent leurs émissions par individu jusqu'à cette même limite, ce qui implique, selon les pays, de diviser par 4 à 10 le volume des émissions actuelles, et donc des engagements considérablement plus ambitieux que ceux qui ont été pris. Pour d'autres, refuser aux pays plus pauvres l'abondance matérielle que nous connaissons est tout bonnement impensable. Il faut alors en accepter la contrepartie : leurs émissions seront inéluctablement amenées à être multipliées par 3 à 6.

Cette complexité des rapports Nord-Sud va se trouver aggravée par le fait que les pays peu développés seront, par leur situation géographique, leur difficulté plus grande à s'adapter, ceux qui souffriront le plus de la plupart des effets d'un dérèglement climatique.

La voie suivie par les pays de l'OCDE orientera nécessairement l'évolution du reste de la planète.

Changement climatique et politique ?

Un objectif ambitieux de réduction des émissions pourra difficilement être atteint en quelques années. Il faut pour cela rompre avec le schéma culturel dominant, le fameux « toujours plus », et se faire à l'idée d'une décroissance nécessaire de la consommation matérielle par individu. L'échelle de temps d'une telle transition est probablement plus proche de la génération (20 à 30 ans) que de la mandature dans les régimes démocratiques. Diviser par 2 les émissions (objectif insuffisant en ce qui concerne les pays développés) nécessite une baisse annuelle de 3,4 % sur 20 ans, mais une réduction de

20 % par an sur 3 ans. Le second cas de figure est totalement improbable hors situation de récession massive, et il est peu vraisemblable qu'il constitue un argument électoral efficace !

Évolution des émissions de gaz carbonique d'origine fossile en prolongation tendancielle (en millions de tonnes équivalent carbone)

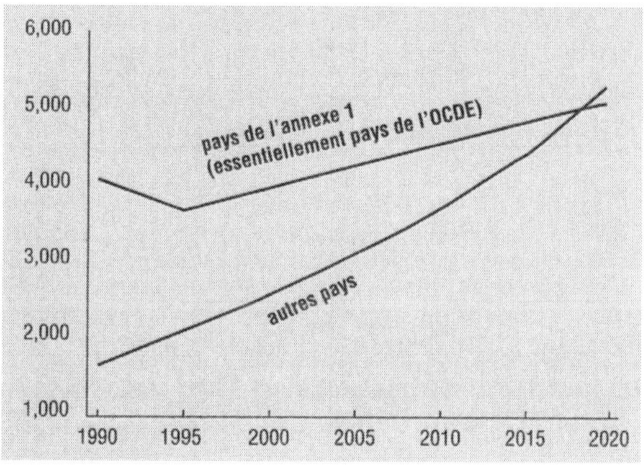

Source : MIES, 1998.

Une réduction significative des émissions – hors crise majeure – ne peut que résulter d'un processus au long cours perdurant par-delà les gouvernements du moment. Ce souhait de réduction devra, de manière constante, être celui des citoyens. Il faudra, mais cela dépasse la portée de ce livre, que le consensus qui a permis d'inscrire dans la durée certaines réformes sociales, ou celles de notre système de santé, s'établisse pour les problèmes d'environnement.

Les négociations internationales peuvent-elles aboutir ?

Compte tenu de la durée de vie du CO_2 dans l'atmosphère, un seul lieu d'émissions suffit à perturber toute la planète. Envisager une diminution des émissions sans concertation internationale n'a donc pas de sens. En juin 1992, à Rio de Janeiro, tous les pays de la Terre ont signé une convention internationale relative à la préservation du climat, dite « Convention Climat »[1], qui a fixé pour objectif de « stabiliser les concentrations de gaz à effet de serre dans l'atmosphère à un niveau qui empêche toute perturbation anthropique dangereuse du système climatique ». Bien sûr, il s'agit là essentiellement d'une déclaration d'intention, personne ne connaissant le niveau de concentration de gaz à effet de serre au-dessous duquel nous serions prémunis contre « toute perturbation anthropique dangereuse ». Toutefois, l'orienta-

1. Cette convention porte en anglais le nom de United Nations Framework Convention on Climate Change (UNFCCC).

tion est explicite : aller dans le sens d'une plus grande prudence.

Cette Convention Climat, ratifiée par 175 États (désormais au nombre de 189) et la Communauté européenne, est entrée en vigueur en 1994. Les signataires se répartissent en deux groupes : ceux qui prennent dès à présent des engagements de réduction de leurs émissions de gaz à effet de serre, dits pays de l'annexe I (les pays développés et la majorité des anciens pays de l'Est), et les autres. La Convention stipule que les pays signataires se réuniront à intervalles réguliers pour tenter de coordonner leurs actions. Ces rencontres périodiques portent le nom de Conferences of the parties (COP). Y assistent, outre les représentants officiels des États considérés, un certain nombre d'observateurs appartenant à des ONG, entreprises ou groupes d'intérêt divers. Au cours de ces COP, les représentants des gouvernements négocient les objectifs à atteindre et les modalités à mettre en œuvre. La formalisation d'une volonté commune se traduit sous forme de protocoles additifs à la Convention Climat, ces protocoles n'ayant de force contraignante que pour les seuls pays signataires. Pour le moment toutefois, aucune sanction n'est prévue en cas de non-respect. Le protocole de Kyoto, signé en

Protocole de Kyoto (1997) :
engagements de réduction des pays de l'annexe B
(La liste des pays est celle de l'annexe I de la Convention Climat)

Pays signataires	CO_2 fossile seul en 1990 (kt)	Engagement de Kyoto
Allemagne	269 136	- 21 %
Australie	72 352	8 %
Autriche	12 732	- 13 %
Belgique	28 415	- 7,5 %
Bulgarie	26 044	- 8 %
Canada	113 370	- 6 %
Croatie	?	- 5 %
Danemark	14 050	- 21 %
Espagne	56 093	- 15 %
Estonie	10 141	- 8 %
Finlande	14 697	0 %
France	97 561	0 %
Grande-Bretagne	152 091	- 12,5 %
Grèce	21 080	25 %
Hongrie	21 842	- 6 %
Irlande	8 067	13 %
Islande	456	10 %
Italie	108 633	- 6,5 %
Japon	287 172	- 6 %
Lettonie	6 602	- 8 %
Liechtenstein	?	- 8 %
Lituanie	10 181	- 8 %
Luxembourg	3 309	- 28 %
Monaco	29	- 8 %
Norvège	7 192	1 %
Nouvelle-Zélande	6 108	0 %
Pays-Bas	43 375	- 6 %
Pologne	126 272	- 6 %
Portugal	10 642	27 %
République tchèque	43 656	- 8 %
Roumanie	50 611	- 8 %
Russie	626 973	0 %
Slovaquie	15 461	- 8 %
Slovénie	3 626	- 8 %
Suède	13 999	4 %
Suisse	10 820	- 8 %
Ukraine	183 293	0 %
USA	1 320 132	- 7 %

Source : UNFCCC.

kt : kilotonnes.

tableau 9

décembre 1997 par 84 pays, en est un exemple. Les objectifs du protocole de Kyoto peuvent sembler modestes : il s'agit de ramener, durant la période 2008-2012 (l'objectif doit être atteint l'une de ces années), les émissions de CO_2 fossile des pays signataires au niveau de 1990 moins 5,8 %. Mais, en prolongation tendancielle (2 % de croissance des émissions par an), les émissions de 2010 seraient de 30 à 40 % plus élevées que celles de 1990 : les baisser de 5 % plutôt que les augmenter de 30 % est déjà une avancée notable ! Ce premier pas sera cependant difficile. Depuis Kyoto, les pays signataires – et pas seulement les États-Unis – ont très majoritairement augmenté leurs émissions, sauf les pays de l'Est, qui ont connu une période de récession. Pour l'heure, aucun pays ne semble réellement en mesure de tenir ses engagements, à l'exception peut-être de l'Allemagne et du Royaume-Uni, qui disposaient d'abondantes ressources en charbon et qui y recourent de moins en moins.

CONCLUSION

Toutes les interrogations sur l'avenir du climat de notre planète sont issues d'un raisonnement physique simple : l'augmentation de gaz tels que le CO_2 ou le méthane créera un effet de serre additionnel et entraînera un réchauffement de quelques degrés de la température moyenne au niveau du sol terrestre. Déterminer si la complexité de notre planète modifie fortement cette vision du problème a constitué un enjeu capital des recherches menées ces dernières années. La réponse, après deux décennies d'études, confirme l'estimation d'Arrhenius (prix Nobel de chimie en 1903), formulée dès le début du siècle. Les modèles et leur cadre de réflexion fortement contraint par les équations fondamentales de la physique, les observations disponibles, tout indique que le système climatique est inévitablement amené à se réchauffer, et que ce réchauffement a déjà commencé. Les résultats scientifiques récents ne font qu'élargir le spectre des futurs possibles, souvent dans le sens d'une aggravation des risques.

Le passé nous enseigne que les transitions climatiques peuvent avoir un impact considérable : si l'homme a parfaitement survécu à plusieurs glaciations du quaternaire, ce n'est pas le cas d'un grand nombre d'espèces apparues pendant l'ère tertiaire. Certes, aucun élément du dossier scientifique ne soulève la question de la survie du genre humain, même si les climats que nous allons connaître seront radicalement nouveaux et, pour la première fois depuis notre apparition, essentiellement plus chauds. Mais qui dit adaptation dit souvent souffrances.

Dans des conditions stabilisées, un climat plus chaud n'est pas nécessairement un handicap : on vit tout aussi bien à Los Angeles ou à Buenos Aires qu'à Paris ou à Montréal. C'est le changement en tant que tel et la vitesse tout à fait inédite à laquelle il aura lieu qui poseront problème et constitueront un facteur de pression qui viendra s'ajouter aux autres : l'aggravation des conditions dans lesquelles vivent ou survivent nombre de populations, la prolifération des armes, la raréfaction de l'eau, la diminution de la biodiversité, la déforestation, l'adaptation des micro-organismes aux molécules antibiotiques, etc.

Comment réagir à cette menace ? Le problème est d'une ampleur… planétaire, il remet en question nos modes de vie et de production et concerne le long terme. Le discours purement moralisateur, voire millénariste, qui considère le changement climatique à venir comme une sorte d'apocalypse destinée à punir l'homme, éternel intrus dans un monde naturel qui lui serait étranger, ne nous offre aucun début de solution, pas plus que l'attitude consistant à nier systématiquement l'existence d'un problème.

Toutefois, si nous ne pouvons sans doute plus éviter la survenue d'un changement climatique – comment empêcher que notre planète ne subisse la marque des milliards d'habitants qui la peuplent ? –, nous pouvons encore retarder son développement, influer sur les évolutions en cours, échapper éventuellement aux conséquences les plus graves. Les marges de manœuvre sont réelles : en témoignent les émissions des différents pays développés qui, à mode de vie équivalent, varient d'un facteur 3.

Nous nous sommes attachés à montrer qu'une réduction des émissions de gaz à effet de serre d'une ampleur suffisante pour nous ramener dans des conditions environnementales stables implique un changement décisif de nos modes de vie, de consommation, et que se maintienne, durant plusieurs décennies au moins, une volonté explicite et partagée par la majeure partie de l'humanité. Explorer les conditions politiques qui permettraient d'atteindre cet objectif n'entre pas dans le cadre de ce livre. Mais, pour qu'une véritable prise de conscience ait lieu, il est indispensable que chaque citoyen dispose de l'information nécessaire. Nous espérons que ce petit ouvrage y contribuera, modestement mais réellement.

GLOSSAIRE

Aérosol : suspension dans l'air de particules solides (poussières) ou de gouttelettes microscopiques. Un nuage est un aérosol.

Albédo : proportion du rayonnement réfléchi par un objet. Un miroir parfait a un albédo de 100 %, la neige fraîche un albédo de 80 % et un corps noir parfait un albédo nul.

Anaérobie : lorsqu'il s'applique à une réaction chimique, cet adjectif signifie qu'elle se déroule en l'absence d'oxygène.

Anticyclone : région où la pression atmosphérique en surface est maximale. Dans l'hémisphère Nord, l'air s'enroule autour de son centre dans le sens des aiguilles d'une montre, dans l'hémisphère Sud en sens inverse.

Bilan radiatif (de la planète) : ce terme désigne, comme pour n'importe quel bilan, à la fois la quantification des échanges et le solde de ces échanges. Une modification du bilan radiatif de la planète signifie donc que l'on modifie l'un des flux et, par voie de conséquence, le résultat.

Biomasse : masse de l'ensemble de la matière vivante, généralement considérée au sein d'un périmètre et pour un volume donné (par exemple, en tonnes par hectare).

Biome : ensemble écologique uniforme sur une vaste surface (une forêt, un alpage, etc.).

Chlorofluorocarbure (CFC) : nom générique désignant une molécule d'hydrocarbure (composé uniquement de carbone et d'hydrogène) dans laquelle on a remplacé tous les atomes d'hydrogène par des atomes de chlore et/ou de fluor.

Coriolis (force de) : force qui s'exerce sur un corps se déplaçant à la surface d'un objet en rotation et dont la direction est perpendiculaire à la direction du déplacement et à l'axe de rotation. Cette force organise une grande partie de la circulation atmosphérique et de la circulation océanique à la surface de la Terre.

Dépression : région où la pression atmosphérique en surface est minimale. Dans l'hémisphère Sud, l'air s'enroule autour de son centre dans le sens des aiguilles d'une montre, dans l'hémisphère Nord, c'est l'inverse.

El Niño : courant qui, dans le Pacifique, entraîne les eaux chaudes de l'Asie vers l'Amérique du Sud et provoque une modification du climat tropical.

Équinoxe : moment de l'année où la durée du jour et celle de la nuit sont égales (actuellement le 21 mars et le 21 septembre).

Excentricité (d'une orbite) : cette grandeur permet de caractériser la distance plus ou moins grande qui existe entre le centre d'une ellipse et ses foyers. Plus l'ellipse est excentrique, plus elle est « aplatie ».

Extratropicale (région) : il s'agit de la partie de la surface terrestre située au nord du tropique du Cancer ou au sud du tropique du Capricorne ; elle comprend les zones polaires et les moyennes latitudes.

Gulf Stream : désigne le courant océanique de surface qui parcourt l'Atlantique, depuis le golfe de Mexico vers les hautes latitudes.

Halocarbure : nom générique désignant une molécule d'hydrocarbure dans laquelle on a remplacé une partie des atomes d'hydrogène par des atomes de gaz halogène (fluor, chlore, brome, iode, astate). Les HFC*, PFC*, CFC* sont des catégories particulières d'halocarbures.

Hydrofluorocarbure (HFC) : nom générique désignant une molécule d'hydrocarbure dans laquelle on a remplacé une partie des atomes d'hydrogène par des atomes de fluor.

Infrarouge : rayonnement électromagnétique* dont la longueur d'onde est comprise entre 0,8 micron ($0{,}8\ 10^{-6}$ m) et 1 centimètre (10^{-2} m).

Intertropicale (région) : il s'agit de la partie de la surface terrestre comprise entre les deux tropiques (Capricorne et Cancer).

Isotopique (analyse) : procédé qui consiste à mesurer les proportions respectives des divers isotopes d'un même élément dans un milieu. Cette méthode permet de reconstituer les conditions qui régnaient au moment de la formation du composé chimique contenant les isotopes mesurés.

Jets atmosphériques (ou courants jets) : il s'agit de vents rapides (jusqu'à quelques centaines de kilomètres/heure) prenant place dans la haute atmosphère.

Kelvin (degrés) : unité légale de température absolue, de symbole K, dont le zéro correspond à un matériau qui ne posséderait plus aucune énergie thermique (limite théorique impossible à atteindre). Les degrés Kelvin s'obtiennent en ajoutant 273,15 aux degrés Celsius (avec lesquels l'eau gèle à 0°).

Mécanique céleste : étude de la trajectoire des astres, planètes et objets divers se déplaçant dans l'espace.

Maillage : opération d'échantillonnage qui permet de limiter les valeurs étudiées d'un milieu à celles existant aux nœuds d'un filet imaginaire (en deux ou trois dimensions). Cette étape est indispensable, car un ordinateur ne sait pas gérer directement un milieu continu, qui contient une infinité de points.

Obliquité : cette grandeur caractérise l'inclinaison de l'axe de rotation de la Terre sur le plan de son orbite (que l'on appelle encore plan de l'écliptique).

Panache : forme prise par un nuage de poussière ou d'aérosols.

Perfluorocarbure (PFC) : nom générique désignant une molécule d'hydrocarbure dans laquelle on a remplacé tous les atomes d'hydrogène par des atomes de fluor.

Permafrost : sol gelé en permanence des hautes latitudes.

Photochimique (réaction) : une réaction photochimique est une réaction chimique qui nécessite du rayonnement électromagnétique (par exemple de la lumière) pour se produire.

Phytoplancton : le plancton désigne les espèces microscopiques qui prolifèrent à la surface des eaux océaniques. Le phytoplancton est la partie végétale de cet ensemble, la partie animale (larves, radiolaires, méduses, etc.) portant le nom de zooplancton.

Phytosanitaires : produits destinés à préserver les cultures des insectes, champignons et mauvaises herbes. Ils regroupent les insecticides, fongicides et herbicides.

Ppbv : partie par milliard en volume, ou encore 10^{-9} fois l'unité.

Ppm (ou ppmv) : partie par million (en volume). Un ppm vaut 10^{-6} fois l'unité, ou encore 0,0001 %.

Radicaux libres : molécules dont les liaisons ne sont pas saturées, chimiquement très actives (l'un des plus connus est le radical hydroxyle, de formule OH).

Rayonnement électromagnétique : il s'agit de l'ensemble des ondes émises par des atomes lorsque ces derniers cèdent de l'énergie à la suite d'une transition entre états. La lumière visible, les infrarouges, les ultraviolets, les ondes radio, les rayons X et gamma sont des exemples de rayonnement électromagnétique de longueurs d'onde différentes.

Stratosphère : couche de l'atmosphère qui se situe au-dessus de la troposphère* et se termine à environ 50 kilomètres d'altitude. Elle est caractérisée par le fait que la température augmente quand on s'y élève ; ce réchauffement est dû à l'absorption des ultraviolets* par l'ozone.

Surfusion : état où la matière, portée à une température très basse, reste liquide au lieu de devenir solide. De l'eau toujours liquide à moins de 0 °C est en surfusion. Cet état se rencontre quand la matière est très pure. L'apparition d'une impureté engendre alors une brusque solidification.

(Téra)flop : le flop et ses multiples mesurent la puissance des ordinateurs. Un ordinateur de 1 flop est capable d'effectuer une opération élémentaire à virgule flottante par seconde. Le préfixe téra signifie 10^{12}.

Tonne équivalent pétrole : unité conventionnelle d'énergie valant 44,6 milliards de joules, ou encore 11 600 kWh, soit l'énergie dégagée par la combustion d'une tonne de pétrole.

Trophique (chaîne) : autre nom de la chaîne alimentaire.

Tropopause : nom donné à la limite séparant la troposphère* de la stratosphère*.

Troposphère : couche la plus basse de l'atmosphère se terminant à une altitude variant de 7 à 15 kilomètres selon la latitude. Caractérisée par le fait que la température diminue quand on s'y élève, phénomène qui s'inverse lorsqu'on passe dans la stratosphère*.

Ultraviolet : rayonnement électromagnétique* dont la longueur d'onde est comprise entre 10^{-8} et $4{,}10^{-6}$ mètre.

BIBLIOGRAPHIE

CHALON, Jean-Pierre, *Combien pèse un nuage ?* EDP Sciences, 2002.

DESSUS, Benjamin, *Énergie, un défi planétaire*, Belin, 1999.

DUPLESSY, Jean-Claude et MOREL, Pierre, *Gros Temps sur la planète*, Odile Jacob, 1990.

JOUSSAUME, Sylvie, *Climats d'hier à demain*, CNRS Éditions, 1999.

L'Énergie, chiffres clés, ministère de l'Industrie, édition 2000.

KANDEL, Robert, *Les Eaux du ciel*, Hachette, 1998.

LAMBERT, Gérard, *La Terre chauffe-t-elle ?* EDP Sciences, 2001.

LAMBERT, Gérard, *L'Air de notre temps*, Seuil, 1995.

MÉGIE, Gérard, *Ozone, l'équilibre rompu*, Presses du CNRS, 1989.

MINSTER, Jean-François, *Les Océans*, Flammarion, coll. « Dominos », 1994.

PLOYE, François, *Effet de serre : science ou religion du XXIe siècle ?* Naturellement, 2000.

INSTITUT FRANÇAIS DE L'ENVIRONNEMENT (ouvrage collectif sous la direction de), *L'Environnement en France*, La Découverte, 1998.

RASOOL, Ichtiaque, *Système Terre*, Flammarion, coll. « Dominos », 1993.

SADOURNY, Robert, *Le Climat de la Terre*, Flammarion, coll. « Dominos », 1994.

IPCC, *Climate Change 2001, The Scientific Basis*, Cambridge University Press, 2001.

Nuclear Power and Health, World Health Organization, 1994.

SITES INTERNET

CITEPA (Centre interprofessionnel technique d'études de la pollution atmosphérique) : **www.citepa.org**
CNRS (dossier « Climat ») :
www.cnrs.fr/dossiers/dosclim/
École Normale de Lyon (Planète Terre) :
www.ens-lyon.fr/Planet-Terre/Infosciences/index.htm
Hadley Centre (Centre de modélisation climatique de la météorologie britannique) :
www.met-office.gov.uk/research/hadleycentre
IPCC (International Panel on Climate Change) (ou GIEC) :
www.ipcc.ch
IPSL (Institut Pierre Simon Laplace) :
www.ipsl.jussieu.fr
Jancovici Jean-Marc (site personnel) :
www.manicore.com/documentation/serre
Météo France (rubrique « Climat ») :
www.meteo.fr/meteonet/services/cli.htm
MIES (Mission interministérielle de l'effet de serre) :
www.effet-de-serre.gouv.fr
UNFCCC (United Nations Framework Convention on Climate Change) : **www.unfccc.org**
X-Environnement (dossier sur l'effet de serre) :
www.x-environnement.org/Jaune_Rouge/JR00

TABLE DES MATIÈRES

Achevé d'imprimer en février 2020
par Dupli-Print à Domont (95)

N° d'édition : L.01EHQN000362.A002
Dépôt légal : février 2009
N° d'impression : 2020022295

Imprimé en France